湖北省自然科学基金项目(2014CFB894)
国家自然科学基金项目(41572281)　　联合资助

寒区露天矿山高边坡稳定性分析及工程应用

罗学东　左昌群　蒋　楠　黄成林　著

China Meteorological Press

内容提要

本书在寒区气候特征和工程地质调查的基础上,选取寒区矿山边坡代表性岩石,进行冻融循环条件下物理力学性能劣化的室内试验,拟合各物理力学参数劣化与冻融影响因素间的函数关系,确定冻融修正系数;将冻融修正系数引入岩体效应表达中,构建地质强度指标 GSI 值同 TSMR 量化值之间的线性关系,进而利用广义 Hoek-Brown 准则选取寒区边坡岩体力学参数;将寒区岩体力学参数选取成果应用于露天矿山高边坡稳定性分析,确定合理边坡角,并提出边坡稳定性监测方法和寒区矿山边坡安全控制措施。

图书在版编目(CIP)数据

寒区露天矿山高边坡稳定性分析及工程应用/罗学东等著. —北京:气象出版社,2015.12
 ISBN 978-7-5029-6075-9

Ⅰ.①寒… Ⅱ.①罗… Ⅲ.①寒冷地区-露天矿-边坡稳定性-稳定分析 Ⅳ.①TD804②TU457

中国版本图书馆 CIP 数据核字(2015)第 296887 号

出版发行:气象出版社
地　　址:北京市海淀区中关村南大街 46 号　　　邮政编码:100081
总 编 室:010-68407112　　　　　　　　　　　发 行 部:010-68409198
网　　址:http://www.qxcbs.com　　　　　　　E-mail:qxcbs@cma.gov.cn
责任编辑:彭淑凡　　　　　　　　　　　　　　终　　审:黄润恒
封面设计:燕　彤　　　　　　　　　　　　　　责任技编:赵相宁
印　　刷:北京京科印刷有限公司
开　　本:710 mm×1000 mm　1/16　　　　　　印　　张:10.5
字　　数:200 千字
版　　次:2015 年 12 月第 1 版　　　　　　　　印　　次:2015 年 12 月第 1 次印刷
定　　价:35.00 元

前　　言

我国广袤寒区蕴藏着丰富的矿产资源,新疆、西藏等地已成为重要的矿石基地,在国家经济可持续发展中有着举足轻重的作用;与我国西北部相邻、气候环境类似的吉尔吉斯斯坦、哈萨克斯坦等国也拥有多座储量 10 亿吨以上的铁矿。由此可预见,无论国内还是国外,大量矿山将面临在寒区条件下进行露天开采以及冻融循环作用下高陡边坡的稳定性问题。

目前,受冻融循环条件下岩体损伤特性理论水平的制约,在进行寒区露天矿山设计和边坡稳定性分析时,基本沿用传统的方法,未科学考虑特殊气候环境条件下冻融劣化的影响。但是,高寒地区矿山岩质边坡有着自身显著的特殊性,在地下水和大气降水的双重作用下,岩体中的微裂隙和宏观节理裂隙往往处于含水状态。而纯水在 1 个大气压下,当温度降到 0℃ 以下时会凝结成冰,伴随这一过程约有 9% 的体积膨胀,常引发冻融剥蚀,甚至诱发崩塌与滑坡等不良地质灾害。可见,节理裂隙的发育规模与保水量对高寒地区矿山边坡稳定性有显著影响。如果不从理论上解决冻融条件与边坡稳定的内在机制问题,在确定矿山边坡角时要么偏于保守导致成本增加,要么过于冒进导致施工安全隐患增加,影响矿山正常生产。

露天矿开采过程中形成的人工边坡,服务期短则十几年,长则几十年甚至上百年,最终边坡漫长的形成过程中有诸多不确定因素,势必给矿山生产带来一定的安全隐患,为此,世界各国都围绕这一问题展开了深入研究,但多侧重于事后防护。因此,针对寒区矿山具体特点,研究并提出矿山预防性安全控制措施也显得尤为重要。

本书以新疆维吾尔自治区的蒙库铁矿为依托,展开寒区环境下露天矿山边坡稳定性分析与安全控制措施制订等研究工作。全书共分 7 章,第 1 章为绪论,介绍了研究意义、研究现状和研究内容;第 2 章分析了依托工程的气候特征,研究了露天边坡的工程地质性质;第 3 章以试验为基础,研究了冻融循环作用对岩块物理力学性能的影响;第 4 章进行了岩体质量评价,并确定了岩体力学参数;第 5 章应用 FLAC 计算软件,采用强度折减法进行边坡稳定性分析,并对边坡角进行了优化;第 6 章详细阐述了寒区边坡安全控制措施;第 7 章为结论与展望。

　　本书在撰写的过程中，得到了中国地质大学（武汉）陈建平教授、周传波教授、吴立教授、徐光黎教授等的大力支持和帮助；研究过程中，现场试验和数据采集工作得到了蒙库铁矿广大工程技术人员的全力协助；刘辉、姚颖康、李扬、肜增湘、吕乔森、代贞伟、闫苏涛、冯庆高、苟阳等研究生在资料整理分析方面也付出了辛勤劳动，在此一并致以衷心的感谢！

　　本书的撰写参考了大量同行的相关文献和专业书籍，谨向其作者深表谢意！

　　由于作者水平和能力所限，书中难免有错误和不足之处，恳请读者批评指正。

作者

2015 年 8 月

目　　录

第1章 绪 论

1.1 引 言

我国寒区面积世界排名第三,约75%的国土陆地面积呈冬冻夏融及春夏之交夜冻日融的周期变化。随着国家援疆、援藏力度的持续加大,以及能源战略储备、基础设施建设的需要,在我国广袤寒区正大量进行矿业开发,公路、铁路、市政设施等方面的建设工作,这些工程中的岩土体不可避免地面临着冻融循环作用下的稳定性问题。

在此背景下,寒区资源开发、工程建设过程中以及服务期内,岩体工程冻融灾变问题屡见不鲜。矿山边坡方面,本书依托的新疆蒙库铁矿多次出现露天边坡在春夏之交由于冻融循环作用导致局部垮塌(见图1-1),其他如辽宁南芬露天矿、新疆博孜墩煤矿等矿山边坡均因冻融循环作用诱发大范围滑坡;在公路边坡方面,仅天山公路就有冻融作为主要诱因导致的大小崩塌多达86处(黄勇,2012)。大量寒

积雪

沿结构面局部垮塌

图1-1 蒙库铁矿边坡冻融诱发局部崩塌

区工程实例表明:尽管冻融循环影响边坡岩体深度有限,但会诱发局部滑坡和崩塌,并因连锁反应引起更大范围的边坡岩体破坏,严重威胁着岩体工程的安全稳定和人们生命财产安全。

上述工程灾害均是冻融循环作为主因诱发岩体失稳所致,其对岩质边坡稳定性的影响主要体现在两个方面:其一为降低岩块的力学性能,其二是使岩体中结构面扩展。无论哪方面的影响,最终结果均反映在岩体力学性能劣化进而降低边坡稳定性方面。因此,在前人研究成果的基础上,结合蒙库铁矿高陡边坡工程,对岩块力学性能冻融劣化规律、寒区岩质边坡岩体力学参数选取与边坡稳定性分析、寒区高边坡安全控制措施等内容展开深入系统研究,具有重要的理论意义和工程实用价值。

1.2 研究背景及现状分析

边坡工程稳定性研究由来已久,国内外学者在这方面做了大量的工作,取得了丰硕的成果,已有较完善的理论体系和分析方法。但寒区边坡由于受到大温差条件下冻融循环作用,其稳定性影响因素有自身的显著特点,冻融作用对岩体物理力学性能的影响及机理则成为寒区边坡稳定性分析的基础和关键问题。故本书对常温条件下岩质边坡稳定性研究现状不作赘述,仅就冻岩力学相关的国内外研究现状分述如下。

(1)冻融循环对岩块的物理力学性质影响研究

岩块物理力学性质是岩体物理力学性质的基础,国内外学者主要通过室内冻融循环试验的手段展开相关研究工作。

徐光苗、刘泉声、刘成禹、吴刚、张慧梅、杨更社等人分别选取不同类型岩石,对经历不同次数冻融循环后岩块强度、变形参数变化规律进行了研究(徐光苗,刘泉声,2005&2006;刘成禹,2005;吴刚,2006;张慧梅,杨更社,2012,2013&2013);张继周等考虑了水环境的影响,研究发现在酸性条件下岩石冻融强度损伤较纯水条件剧烈(张继周,2008);Yamabe 选取日本 Sirahama 砂岩,分别进行了岩石在一次冻融循环内热膨胀应变测试试验,不同温度下单轴压缩试验及−20℃下不同围压三轴压缩试验,得出了强度、变形与循环次数、温度及围压间的关系(Yamabe,2001);Park 通过试验研究了韩国典型花岗岩和砂岩的热物理参数与温度的关系(Park,2004);Joerg Ruedrich 等通过理论分析与试验指出盐与冰在孔隙空间中的结晶是导致天然建筑石材发生物理力学性质损伤的主要原因,并以材料长度为变量进行数值模拟,反映了孔隙空间中结晶与应力的发展过程(Joerg Ruedrich,2007);H. Yavuz 等对 12 种不同的碳酸盐岩石进行试验,来测试其在物理风化作用下的损伤性质指标,并通过实测数据的多元回归分析得到了一个预测冻融与热冲击作用下性质指标发生变化的模型方程组(H. Yavuz,2006);Inigo A C 基于室内试验,利用色度坐标和声波测试的手段,研究了西班牙花岗岩在不同冻融条件作用下的力学性能(Inigo A C,2013);Kodama J 研究了含水量、温度和加载速率对冻岩力学性质和失效过程的影响,并对其影响程度进行了分析(Kodama J,2013);Tan X 基于室内冻融试验,通过控制温度和循环次数的方式,研究了冻融循环作用对中国西藏地区黑云母花岗岩强度、变形性质的影响(Tan X,2011);罗学东分别以新疆地区蒙库铁矿的层理状变粒岩等岩石、磁海铁矿辉绿岩和蚀变辉绿岩为对象,研究了冻融循环作用下上述岩石物理力学性能劣化的不同特点(罗学东,2011;Luo Xuedong,2014)。

分析上述研究成果发现,冻融循环条件下岩块物理力学性质的影响因素已基本明晰,变化趋势基本相同;但由于不同岩石性质各异,尚未能建立统一的数学模型来反映岩石物理力学参数变化与影响因素间的关系。

(2)冻融循环对结构面/裂隙岩石力学性质影响机理

常温条件下岩体结构面的研究成果较多,但冻融循环作用对结构面力学性质影响的研究基本处于起步阶段。目前,研究者们大多采用室内预制含结构面/裂缝的类岩石材料展开研究。

Bost M 对人工裂隙石灰岩标本进行了冻融试验,结果表明由冻融循环产生的应力在微裂隙扩张成网状的过程中起到重要的作用,类似岩桥的"接触点"数量能为微裂隙岩体破坏程度建模时提供参考(Bost M,2007);李新平、路亚妮等通过室内预制单裂隙模型试样模拟砂岩进行多种冻融循环力学试验,系统分析了裂隙岩体经不同冻融循环次数后的物理力学特性、裂隙几何特征对冻融岩体强度及破坏形态的影响,建立了冻融受荷裂隙岩石损伤劣化模型,探讨了裂隙岩体在冻融和荷载耦合作用下的损伤劣化机制(李新平,路亚妮,2013,2013&2014,2014);母剑桥选取天山公路边坡的花岗岩、砂岩和千枚岩三种岩性结构面制成规格约为 9 cm×9 cm×9 cm 的试样进行冻融循环条件下的岩体(结构面)抗剪强度试验,拟合了三种结构面强度冻融衰减曲线,并总结得到了冻融剪切强度影响系数,初步量化了寒区冻融循环作用对岩体剪切强度的影响(母剑桥,2013);邢闯锋通过预制岩体方法将相似材料制作成含节理岩体试样和完整岩体试样进行冻融循环试验,研究了冻融节理岩体的物理力学特性变化规律,并建立了冻融岩体损伤断裂本构模型(邢闯锋,2013,2014);郎林智通过对湖北宜昌地区含裂隙砂岩的冻融循环试验,借助扫描电镜发现冻融破坏主要沿试样沉积层理面(微结构面)出现、发展和贯通,层理面的破坏源于碎屑颗粒间填隙物的破坏(郎林智,2012);赵鹏认为主控结构面的形成和扩展是研究危岩发育机理的核心,对冻融循环条件下主控结构面的产生和扩展进行了研究,提出了主控结构面损伤扩展条件,建立了冻结状态下作用在主控结构面上的冻胀力计算公式(赵鹏,2008)。

可以看出,研究者已开始重视冻融循环条件下结构面在岩体力学性能劣化中的作用,并通过室内预制类岩石材料进行节理裂隙几何形态对岩体力学性能的影响研究和机理分析。

(3)冻岩的损伤机理及相关理论研究

研究者在这方面一般采用冻融循环试验配合 CT 扫描、核磁共振、电镜扫描等手段,运用损伤力学、连续介质力学、经典传热学和断裂力学等理论展开研究。

杨更社、赖远明、马巍、张淑娟、张全胜、王佩及 Rodriguez-Rey A 等人借助 CT 扫描设备,研究了岩石材料在冻融循环条件下损伤扩展特性和规律,分析了冻融循环次数与 CT 数、岩石强度的关系,建立了冻融循环条件下岩石材料损伤扩展本构关系(杨更社,1999&2002&2004;张淑娟,2004;张全胜,2003;王佩,2006;Rodriguez-Rey A,2004);张慧梅、杨更社从冻融、荷载耦合作用的角度研究了岩石损伤力学模型和损伤力学特性(张慧梅,2010&2011);李宁研究了裂隙砂岩在干燥、饱水及饱水冻结情况下的低周疲劳损伤特性(李宁,2001);刘成禹、何满潮等利用电镜扫描技术研究了花岗岩在冻融作用下的损伤扩展规律(刘成禹等,2005);Chen 等研究了日本 Sapporo 凝灰岩在不同含水量下冻融劣化特点,并提出冻融循环条件下孔隙水影响岩石主要的 3 种方式(Chen et al.,2004);Nicholson H 对 10 种岩石的冻融损伤劣化过程进行了分析,通过图形记录的方式研究了岩石的宏观冻融损伤演化过程,并对 10 种岩石的冻融损伤模式进行了分类,建立了相应的数学模型(Nicholson H,2000);Ito Y 等对北海道地区日本海沿岸地区火成岩进行岩石破坏调查研究,分析了其破坏机理与峭壁的破坏过程(Ito Y et al.,2007);Warke PA 通过不同的盐风化与冻融循环结合的风化模拟试验,对细粒与粗粒砂岩的风化响应特性的不同进行了评价(Warke PA,2006);Murton JB 对冰分凝假说进行了试验测试与相关理论研究(Murton JB,2000);G. E. Exadaktylos 从基本的连续力学定律出发,提出了饱和多孔材料(如土体与岩体)的冻融耦合模型

（G. E. Exadaktylos，2006）；M. Mutlut 在 10 种不同类型岩石实验室测试结果的基础上，给出了一种数学模型，用来描述岩体在受周期性冻融与冷热冲击循环条件下的整体损伤过程（M. Mutlut，2004）；Li JL 以花岗岩为例，采用核磁共振手段，研究了冻融循环作用下多孔结构岩石的破坏特性（Li JL，2012）；康永水基于脆性断裂力学理论和拓扑学相关理论，对冻融循环条件下裂纹起裂扩展判据、演化过程等进行了理论研究（康永水，2012）；周科平、许玉娟选取花岗岩为研究对象，采用核磁共振手段，研究了岩石冻融损伤机制和细观演化模式（周科平，2012&2013；许玉娟，2012）。

综合上述成果，研究者大多选取不同类型完整岩块为对象，采用不同试验方法、测试手段进行了岩石冻融损伤扩展特性和规律、损伤本构关系、起裂判据、损伤演化机制等方面的研究工作。

（4）冻岩边坡稳定性分析

冻岩力学发展较冻土力学要晚，岩质边坡在冻融循环条件下稳定性分析理论与工程实例相对较少，目前取得的成果主要有：

陈天城研究了冻融作用对岩质边坡的影响、岩石裂缝的发展规律，探讨了寒区软岩边坡方案设计问题，还结合日本北海道地区岩石崩塌调查成果，提出寒区岩石边坡破坏模式是表层崩塌（陈天城，2000&2003）；马富廷研究了冻融作用对冻土区的露天矿边坡稳定性的影响（马富廷，2005）；陈玉超、杨更社对寒区边坡的稳定性影响因素、失稳类型和稳定性评价方法进行了探讨，应用极限平衡法和强度折减法对寒区边坡的稳定性进行了研究，探讨了融化过程边坡的稳定性变化规律，讨论了冻结过程边坡的稳定性以及冻融循环对边坡的稳定性影响（陈玉超，2006；杨更社等，2002）；苏伟依托西藏玉龙铜业股份有限公司二期工程露天边坡工程，选取露天采场边坡区域的三种岩石（石英砂岩、灰岩和花岗斑岩），以冻融温度范围和冻融循环次数为控制条件，系统研究了岩石物理力学性质的变化，并分析了这种变化对边坡稳定性的影响（苏伟，2012）；乔国文等以乌鲁木齐—尉犁高速公路岩质边坡为对象，分析了冻融影响因素，采用数值模拟手段，揭示了边坡温度场的影响规律，认为裂隙带受冻融影响严重，构成了边坡冻融风化的通道，裂隙水冻胀形成冰劈是边坡冻融风化破坏的主要模式（乔国文等，2015）。

可以看出，冻融循环作用下寒区岩质边坡稳定性分析理论体系还不完善，相关工程实例偏少。因此，必须针对具体的工程对象，采用系统科学的方法，查明冻融劣化机理，评价其稳定性程度，并提出有针对性的工程控制措施。

1.3 研究内容与研究思路

1.3.1 研究内容

(1)气候特征与工程地质性质

分析研究区域气候特征,掌握温差变化规律;了解矿山所在地区大地构造环境、构造体系等,掌握区域地质条件对边坡稳定性影响情况;对矿区进行全面系统的工程地质调查与分析,了解岩体的地质年代、岩性、断层的分布情况、结构面的发育特征及其与边坡的空间组合关系。

(2)冻融循环对岩块物理力学性能的影响

利用各种先进的实验手段和仪器,首先进行常温条件下岩块物理力学性能试验,获取相关参数;以气候特征为依据,进行冻融循环试验,揭示冻融循环作用对岩块物理力学性能的影响,研究冻融破坏机理。

(3)寒区高边坡岩体质量评价与力学参数确定

以前述研究成果为依据,对边坡岩体进行工程地质分区,并定性评价其稳定性,分析边坡破坏机理以及破坏方式;选用合理的分级体系对蒙库铁矿边坡岩体进行质量分级。进行冻融循环条件下岩体力学参数估算方法研究,以岩块的冻融循环试验成果与岩体质量分级结果为基础,确定蒙库铁矿边坡裂隙岩体的力学参数。

(4)边坡稳定性分析、边坡角优化

在详细工程地质调查和物理力学试验的基础上,建立合适的地质模型,确定本构方程,应用 FLAC 计算软件进行数值仿真计算,确定边坡变形特点、应力应变规律,采用强度折减法计算边坡稳定性系数,提出合理的最终边坡角、阶段边坡角。

(5)边坡安全控制措施研究

以影响边坡稳定性的诸要素为依据,针对边坡的实际情况,制订边坡安全控制措施。

1.3.2 研究思路

研究工作围绕"稳定性分析"和"安全控制措施"两条主线展开,其思路见图1-2。

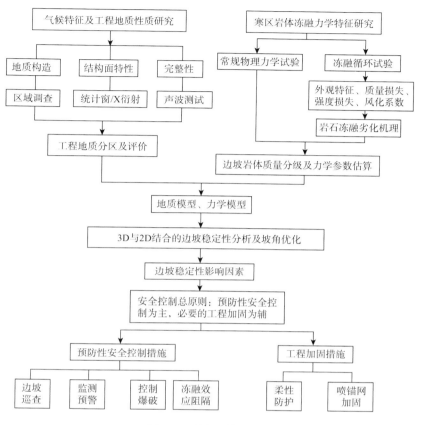

图 1-2 研究工作思路

第2章 气候特征与工程地质性质

2.1 自然地理与气候特征

2.1.1 自然地理

富蕴蒙库铁矿是新疆地区最大的露天开采矿山,也是宝钢集团新疆八一钢铁公司可持续发展的主要矿石原料基地之一。矿区位于新疆维吾尔自治区富蕴县北西直距 70 km,矿区至富蕴县城 96 km,至北屯镇 110 km,至阿勒泰市 110 km,均有公路相通,交通方便。矿床东西长 3400 m,宽 650 m,面积约 2.0 km²,由 33 条规模不等的磁铁矿矿体组成,各矿体均出露地表,东高西低,呈舒缓波状,倾向北东,倾角 68°~89°。

矿区地处阿勒泰山系的二级水系——卡拉额尔齐斯河支流巴利尔斯河和蒙克木沟之间。靠近阿勒泰山中部西南山区(阿勒泰山脊南坡),地形比较平缓,沟谷切割不深,属中高山丘地形,海拔 1000~1300 m,相对高差 50~300 m。

2.1.2 气候特征

矿区地处欧亚大陆腹地,远离海洋,纬度较高,属大陆性寒温带干旱气候,冬季漫长严寒,夏季炎热干燥,春秋季短暂。日照充足,年平均日照时数 2900 h。年平均降雨量 150~200 mm,年蒸发量 1700~2000 mm,蒸发量大。气候干燥,年相对湿度 61%。冬季气温一般为 −20~−35℃(极端低温约 −50℃),夏季 20~33℃(极端高温达 43℃),年平均气温 1~9℃;无霜期短,年均 140 d。冬季日最低气温低于 −20℃的寒冷日为 90 d,为全国高寒地区之一,富蕴县有着中国第二寒极之称。每年 10 月下旬至次年 3 月为冰冻期,积雪 0.8~2 m(极端深度约 2.5 m),土层冻深 1 m(极端冻土深约 1.8 m)。矿区内风向多为西北风,平均风速为 1.9 m/s,最大风力可达 8 级。对该区域多年气象资料数据的统计如表 2-1 及图 2-1 所示。

表 2-1　富蕴县全年气温及降水状况统计（截至 2014 年）

月份	1	2	3	4	5	6	7	8	9	10	11	12
日均最高气温（℃）	−12	−8	2	15	23	28	29	28	22	13	1	−10
日均最低气温（℃）	−26	−24	−13	1	7	12	15	12	6	−1	−12	−23
平均降水总量（mm）	10	8	10	14	16	18	28	16	15	15	22	15

（资料来源：http://www.tianqi.com/qiwen/city_fuyun/）

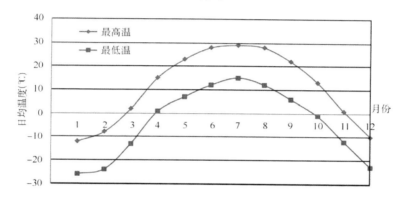

图 2-1　富蕴县全年日均温度曲线图

从上图可以看出，本区内气候温度随季节差异较大，全年处于 0℃ 以下的时间约占全年的一半。我国按照最冷月的平均气温建立了气候分区划分标准：严寒，最冷月平均气温低于 −10℃；寒冷，最冷月平均气温高于 −10℃，但低于 −3℃；温和，最冷月平均气温高于 −3℃。根据上述标准，结合研究区气候条件，最冷月平均气温约 −20℃，低于 −10℃，从而可以得出蒙库铁矿矿区的气候条件属于严寒，在这种海拔 1000 m 以上的高寒山区，必须考虑岩石"冻融"作用及其对边坡稳定性的影响。

2.2　地层岩性

区域内出露地层主要为志留系中—上统松克木群和泥盆系中统阿勒泰组、泥盆系下统康布铁堡组，另有少量沿沟谷分布的第四系。泥盆系下统康布铁堡组分布于矿区中南部，范围较广，分布稳定，为本区主要含矿层位，如表 2-2 所示。

表 2-2　蒙库铁矿区域综合地层表

地层划分						代号	厚度(m)	备注
系	统	组	亚组	层	分层			
第四系						Q	0.5~8	
泥盆系	中统	阿勒泰组				D_2a	>400	
	下统	康布铁堡组	上亚组	第三层		D_1K^3	124	
				第二层		$D_1K_2^2$	151	
				第一层		$D_1K_2^1$	174	
			下亚组	第三层	第三分层	$D_1K_1^{3-3}$	70~230	主要含矿层
					第二分层	$D_1K_1^{3-2}$		
					第一分层	$D_1K_1^{3-1}$		
				第二层	第二分层	$D_1K_1^{2-2}$	91~600	
					第一分层	$D_1K_1^{2-1}$		
				第一层		$D_1K_1^1$	41	
志留系	中上统	松克木群				$S_{2-3}SK$	>600	

　　根据现场实地踏勘和地质资料情况,矿区主要出露岩层为泥盆系下统康布铁堡组下亚组第二层第二分层($D_1K_1^{2-2}$),岩性以变粒岩、角闪变粒岩、条带状角闪变粒岩为主,另有黑云角闪斜长片麻岩、斜长角闪岩、不纯大理岩以及少量贫铁矿条带,部分地段为华力西晚期的角闪斜长花岗岩和第四系的腐殖土、亚砂土、砂砾岩。其中变粒岩、角闪变粒岩、条带状角闪变粒岩在全区最常见,黑云角闪斜长片麻岩出露较少,现对岩性描述如下。

2.2.1　变粒岩

　　白色、暗白色,微显定向构造,层理不清,不等粒粒状变晶结构、块状构造,岩石多致密坚硬。矿物成分主要为石英 20%~30%、斜长石 70%,其他为少量角闪石、磷灰石、榍石、磁铁矿等。斜长石呈不规则粒状,颗粒大小不一,粒度多在 0.2~0.5 mm。石英呈近于等轴状颗粒分布在斜长石颗粒之间,粒度小于 0.1 mm。角闪石呈不规则粒状、柱状,有的被黑云母、绿泥石代替,多呈集合体分布,并与不规则粒状榍石共生。磁铁矿少量可见,多具自形粒状。按照变粒岩中暗色矿物的种类(如角闪石)及含量为 10%~40%,可划分为变粒岩、角闪变粒岩、磁铁变粒岩。变粒岩中石英呈细小脉状交错分布成网状时,则定名为网脉状变粒岩。当暗色和浅色矿物定向排列构成条带时,则定名为条带状变粒岩。

2.2.2　黑云角闪斜长片麻岩

灰、灰黑色，薄层—中厚层状，鳞片花岗变晶结构、纤维状花岗变晶结构，片麻状构造。矿物成分为斜长石、角闪石、黑云母，少量磁铁矿、磷灰石、榍石等。斜长石呈不规则粒状镶嵌，分布不均匀，部分夹在黑云母间呈细长板状定向分布，粒度 0.01～0.3 mm，含量 50%～80%。黑云母呈片状定向分布，有部分呈条带状分布，含量 10%～15%。角闪石多为半自形、他形黄绿色柱状、粒状，大小不一，最长柱达 2 mm，短的仅 0.1 mm，长轴具有定向性，含量 10%。磁铁矿多呈拉长板状、不规则粒状，分布不均匀，部分已氧化为褐铁矿。其他矿物含量少。

2.2.3　黑云母片岩

黑色、灰黑色，薄层状产出。呈鳞片状、纤维状花岗变晶结构，片状构造，岩石一般较松散。矿物成分主要为角闪石、斜长石、黑云母，其次为磁铁矿和少量石英，角闪石呈绿色柱状，柱长 0.1～1 mm，定向排列，含量 30%～45%，斜长石呈他形不规则状，略具粒状集合体，其间有磁铁矿小包体含量 35%～45%。黑云母为半自形叶片状，定向排列分布于斜长石颗粒之间，含量 5%。磁铁矿呈星点状均匀分布，含量一般为 5%。黑云母片岩在矿区仅有零星分布。

2.2.4　斜长角闪岩

绿黑色，纤状花岗变晶结构，似片麻状、块状构造。矿物成分主要为斜长石和普通角闪石，少量磁铁矿、黑云母等。斜长石为他形不规则粒状，粒度小于 0.3 mm，略具定向性，含量 60%。普通角闪石为半自形—他形不规则柱状、粒状，呈集合体不均匀分布于斜长石颗粒之间，并可见细粒磁铁矿共生，粒度 0.5～2 mm，含量 40%。磁铁矿等次要矿物含量小于 5%。斜长角闪岩多呈细脉状分布在矿区南侧 $D_1K_1^{2-2}$ 地层的变粒岩中，$D_1K_1^{3-1}$ 地层的黑云角闪斜长片麻岩也有少量分布。

2.2.5　大理岩

土黄、灰白色，粒状变晶结构，块状构造。主要矿物为方解石，含量 90%，呈不规则粒状，粒度 0.3～2 mm，分布均匀。次要矿物为斜长石，含量 10%，呈粒状分布在方解石颗粒间，粒度 0.05～0.2 mm，其次还有少量透闪石及榍石。

在含矿层中呈薄层状和扁豆体状分布,根据矿物成分,在矿区可细分出磁铁矿化大理岩、不纯大理岩。

2.3 地质构造

2.3.1 区域地质构造概述

矿区位于阿尔泰山褶皱系中段喀纳斯—青河冒地槽褶皱带和克兰优地槽褶皱带的接合部位,受此两大褶皱带影响,区内断裂构造发育,主轴线与地层走向基本一致,产状为 25°~200°∠57°~80°;构造蚀变作用强烈,具有较强的绢云母化、绿泥石化蚀变,影响宽度为 5~200 m 不等,形成构造破碎带和构造裂隙发育密集带。

区内岩浆活动频繁,主要以华力西期中酸性侵入岩为主,由于岩浆侵入,岩体间产生了强烈的挤压和热液作用,混合岩化以及热液交代作用,岩石变质程度较深,片麻理、片理、劈理、节理发育。

新构造运动表现为幅度很小的大面积升降运动,上升运动大于下降运动,主要表现为山区呈台阶下降,基岩裸露,沟谷切割强烈,第四纪沉积物厚度小,一般为 3~5 m。该区属于地震高发区,地震烈度大于Ⅵ度,为不稳定区。

2.3.2 矿区地质构造

2.3.2.1 褶皱构造

(1)铁木下尔滚向斜

铁木下尔滚次级紧闭向斜呈北西—南东走向,自蒙克木沟经巴拉额尔齐斯河至巴得巴克布拉克,轴迹长四十余千米。核部地层为泥盆系下统康布铁堡组下亚组第三岩性段,翼部地层为泥盆系下统康布铁堡组下亚组第一、二层,两翼地层相向倾斜,南西翼地层倾向北东,倾角 65°~85°,北东翼地层倾向南西,倾角较缓,为40°~70°,向斜轴面近于直立。蒙库铁矿主要矿体均产在向斜核部及附近两侧,蒙库铁矿床严格受北西—南东走向的铁木下尔滚次级紧闭向斜构造控制,并位于该次级紧闭向斜的核部。转折处可能增厚加大,褶皱回返前该处为一浅海沉积洼地,为成矿物质的沉积提供了有利条件,褶皱回返过程中铁矿层与地层同步褶皱,在塑性变形过程中,成矿物质相互交代,在剥离空间富集膨大,因此向斜构造严格控制了矿体的空间形态和产状。

（2）蒙库背斜

蒙库背斜位于铁木下尔滚向斜的南西侧,两者同属蒙库复向斜北东倒转翼的次级构造。背斜核部由中—上志留统松克木群组成,两翼地层为下泥盆统康布铁堡组下亚组地层。背斜轴向 290°～310°,南东端开阔,北西端被花岗岩体侵位较为狭窄,其主体向矿区北西方向延续。

2.3.2.2　断层构造

矿区北部发育区域巴寨断裂的一部分 F_1 断层;在区内北帮近向斜核部发育1 条北西向纵向断裂构造 F_3（见图 2-2）,规模较大,受其影响,在向斜核部发育一些次级小断裂。由矿区内断裂构造总体展布特征分析,矿区内的断裂构造是由区域分划型断裂 F_1 断裂经多期次形成的一系列分支和低序次断裂组合。

图 2-2　F_3 断层出露

在蒙库铁矿床的上下盘或近矿体附近的围岩中,发育一组与矿体或地层走向基本一致的纵向断层,总的特征是断裂规模小,对矿体破坏作用小,此类断层主要有:

（1）F_9 断层

位于 1 号矿体南侧 124～131 线的角闪变粒岩中,局部通过 1 号矿体南侧,长度 390 m,宽度小于 0.2 m,走向 295°～300°,属性质不明断层。

（2）F_{10} 断层

位于 6—1 号矿体南侧的 114～134 线,长度 800 m,宽 0.7～3.6 m,走向 300°～310°,向西南或北东倾,倾角 65°～88°。推测为正断层。

矿区内的小断层出露较多,将岩层截断或发生了明显的位移,或是在断面之间充填了破碎岩、石英砾岩等。但是根据现场出露观察,其产状多与边坡垂直,对边坡的稳定性影响不大。

从矿体现场开采揭露情况看,边坡岩体受断层影响较小。

2.4　水文地质特征

区域内地表水系较发育,为额尔齐斯河的主要支流卡拉额尔齐斯河及其支流。水系流量较大,并随季节变化的特征极其明显。卡拉额尔齐斯河是本区最大的地表水系,距矿区西南 8 km,河水流量一般为 65～83 m³/s,5～6 月是洪水期,河水流量可增大数倍;巴利尔斯河位于矿区东北部,距矿区约7.5 km,是矿区仅次于卡拉额尔齐斯河的水量,流量一般为 7～8 m³/s。两河水均无色无味,矿化度极低,仅 5.58 mg/L,pH 值为 6.9～8.3,水化学类型为 HCO_3-Ca 型水。

根据含水介质、地下水赋存条件、岩石(土)结构的不同,将矿床地下水划分为以下不同的含水层体。

(1)松散土体孔隙潜水含水岩层

主要分布于山间低洼地带,分布范围小,呈条带状,多以泉的形式出露,流量为0.01～0.039 L/s,季节变化明显,水化学类型为 HCO_3-Ca 型水,pH 值为 7.1～7.3,矿化度为 0.25～0.3 g/L。

(2)基岩裂隙含水层(体)

矿区内地层为泥盆系下统康布铁堡组的一套陆源碎屑沉积岩,岩性为磁铁矿石、条带状角闪变粒岩、磁铁变粒和角变变粒岩,根据 SK1 和 SK2 抽水试验资料,磁铁矿体的渗透系数为 0.032～0.165 m/d,单位涌水量为 2.4 m³/(d·m);角闪变粒岩渗透系数 K 为 0.002～0.425,单位涌水量为 0.113～24.6 m³/(d·m);地下水矿化度为 0.2～0.395 g/L,pH 值为 7.1～7.3,水化学类型为 HCO_3-Ca·(K+Na)型和 HCO_3·SO_4-Ca·(K+Na)型。

矿区地下水埋深为 2.07～78.14 m,水位高程为 1065～1150 m。该区的地下水侵蚀基准面为 1055 m。

矿区地下水总体流向为北东—南西向,北东部的中山区为补给区,西南端的卡拉额尔齐斯河为排泄区,矿区处于径流区;矿区地下水的补给以大气降水和春季融雪水为主,特别是春季融水,能缓慢地通过岩层裂隙、孔隙入渗补给地下,形成地下水。矿区内构造发育,上部风化裂隙、构造裂隙相互叠加,形成的网块连通性好,有利于地下水的运移,径流条件好;地下水主要以侧向径流排泄于区外,一部分以泉水的形式排泄于地表。

2.5　岩体结构面特征测试

2.5.1　现场结构面测试

采用现场布置测线的方式对结构面特征进行调查,共选取 6 个典型地段进行结构面测线工作,测线布置位置见表 2-3,测线现场工作情况如图 2-3 所示。

表 2-3　蒙库铁矿边坡岩体结构面测线布置表

测线编号	1	2	3	4	5	6
测线位置	南帮 1110 平台,114 线附近	南帮 1110 平台,117 线	北帮 1150 平台,116 线	北帮 1120 平台,111 线	北帮 1070 平台,112 线+10 m	南帮 1070 平台,111 线

图 2-3　现场结构面测线布置及统计

根据测线统计情况可以得出,矿区岩层中发育三种填充类型的节理,它们的产状比较一致,变化较小,分别是:

(1)有铁质薄膜浸染的节理

第一组,倾向 320°,倾角>80°(陡);

第二组,倾向 120°,倾角 70°~80°;

第三组,30°~45°∠60°~70°。

（2）泥质、破碎岩屑充填的节理

第一组，$100°\angle60°\sim70°$；

第二组，$42°\angle60°\sim70°$。

（3）无充填的节理

第一组，$35°\sim50°\angle70°\sim80°$；

第二组，$280°\sim300°\angle60°\sim70°$；

第三组，$240°\angle85°$。

从节理产状来看，则主要发育三组，倾角一般较陡，均为剪节理，其中前两组与北—北东向断裂有关，并穿切后一组节理。

2.5.2 结构面统计分析

由前述的 6 条测线的节理统计，分别做出极点等密度投影图，见图 2-4～图 2-10。

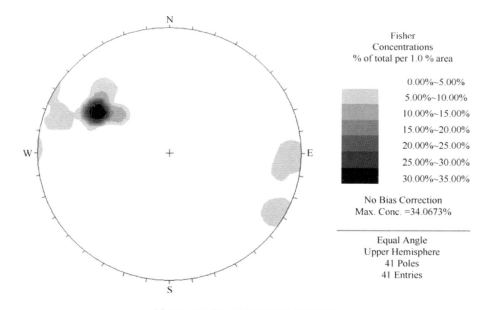

图 2-4 测线 1 结构面极点等密度图

由图 2-4 可知，测线 1 处的节理主要可分为两组，产状为 $300°\sim310°\angle70°\sim80°$ 和 $95°\sim105°\angle80°\sim90°$，构成了共轭节理。

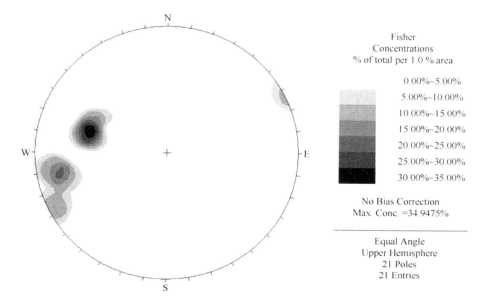

图 2-5　测线 2 结构面极点等密度图

由图 2-5 可知，测线 2 处的节理主要可分为两组，产状为 $290°\sim300°\angle70°\sim80°$ 和 $240°\sim260°\angle80°\sim90°$，构成了共轭节理。

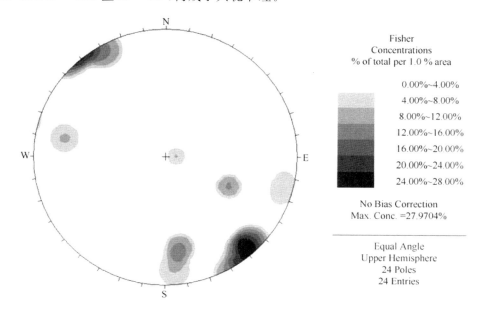

图 2-6　测线 3 结构面极点等密度图

由图 2-6 可知，测线 3 处的节理主要可分为两组，产状为 $170°\sim180°\angle70°\sim80°$ 和 $140°\angle80°\sim90°$，构成了共轭节理。

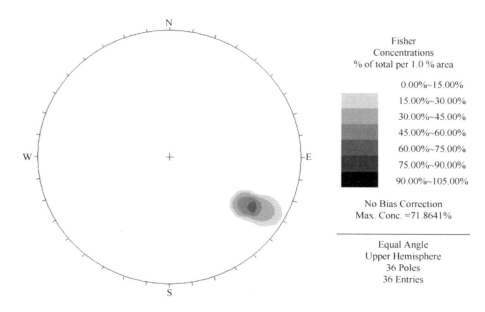

图 2-7　测线 4 结构面极点等密度图

由图 2-7 可知,测线 4 处的节理主要为一组,产状为 $120°\angle70°\sim80°$。

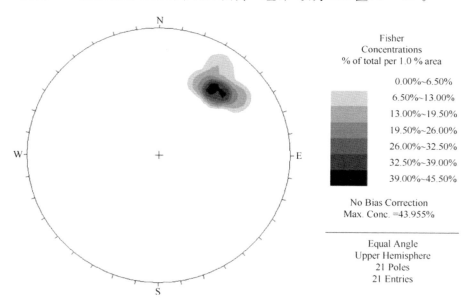

图 2-8　测线 5 结构面极点等密度图

由图 2-8 可知,测线 5 处的节理主要为一组,产状为 $40°\sim50°\angle60°\sim70°$。

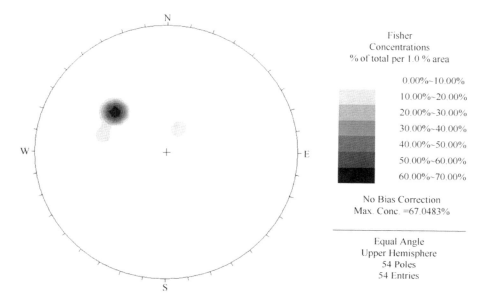

图 2-9 测线 6 结构面极点等密度图

由图 2-9 可知,测线 6 处的节理主要为一组,产状为 290°～300°∠60°～70°。

对上述所有的测线节理进行统计分析,可以得到结构面特征综合分析图(图 2-10),矿区内节理总体上为两组,产状为 300°～310°∠60°～70°,115°～125°∠80°～90°,

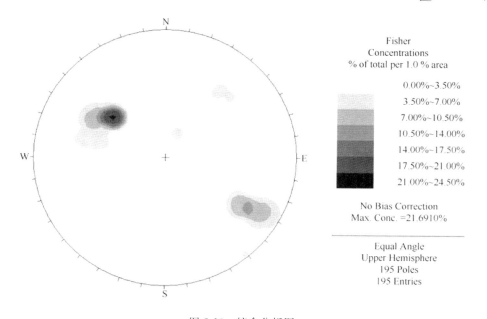

图 2-10 综合分析图

而这两组节理的走向相近,倾向相反,倾角相差不大,说明这两组节理在形成过程中是具同期性的,只是在形成后期的构造运动中,受构造运动的影响,发生了倾斜,导致倾向相反。在现场调查中发现,边坡岩体结构面多平直,略粗糙,呈紧密闭合状态,在岩体深部往往闭合呈隐闭结构面;但由于开采爆破的影响,部分地段表层岩体结构面张开,并在边坡上部形成一定张开裂隙。

2.5.3　结构面充填物 X 衍射实验

蒙库铁矿结构面充填情况可分为三类:无充填、铁制薄膜浸染及泥质和破碎岩屑充填,第三种充填情况对边坡稳定性的影响较大,为充分了解该充填物成分和特性,对其进行了 X 衍射实验。

X 射线是一种波长很短的光波,穿透能力很强,射入矿物晶格中时将产生衍射现象,不同的矿物晶格构造各异,会产生不同的衍射图谱,由此可鉴定矿物成分,是研究结晶构造、鉴定岩石矿物成分最重要的一种方法。实验结果见图 2-11。

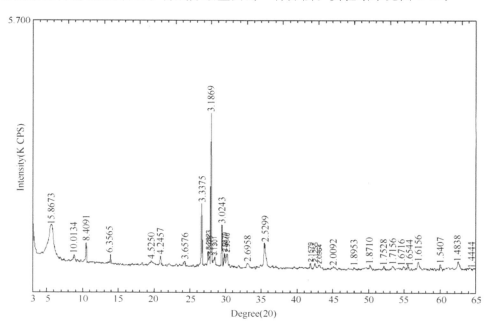

图 2-11　蒙库铁矿岩质边坡结构面泥质充填物 X 射线衍射图谱

由实验可知,充填物的主要矿物成分及含量分别为:蒙脱石 30%、伊利石 10%、石英 5%、长石 25%、方解石 15%、闪石 10%、赤铁矿 5%。蒙脱石和伊利石具有膨胀性,亦具有较高的吸水率和较强的水软化性,在地下水丰富或大气降水的条件下,会给边坡稳定性带来不利影响。

现场调查发现,含该充填物的结构面在沿线揭露并不普遍,主要赋存于矿区北帮边坡岩体,厚度并不大,贯通性不好,这种结构面对沿线边坡稳定性的影响有限。

2.6　岩体质量超声波测试

2.6.1　测试目的

声波测试技术是近年来发展非常迅速的一项新技术。通过对岩体的声波探测,可了解测试区域岩体的完整性状况以及岩体纵波波速等相关参量,是蒙库铁矿边坡稳定性研究评价的基础性工作之一。通过对南帮 1080 下盘南帮区域岩体声波测试,获得该区域的超声波纵波波速,并通过分析、计算,了解岩体不同深度节理裂隙的发育程度和完整性情况,为后续计算提供可靠的岩石力学参数依据。

2.6.2　测试原理

根据波动理论,在弹性介质内某一点,由于某种原因而引起初始扰动或振动时,这一扰动或振动将以波的形式在弹性介质内传播,形成弹性波。声波是弹性波的一种,若视岩体介质为弹性体,声波在岩体中的传播服从弹性波传播规律。由于弹性介质的性质及种类不同,弹性常数及密度也不同,弹性波在介质中的传播速度也不相同,故当在岩体介质中激发一定频率的弹性波,这种弹性波以各种波形在介质内部传播并发生衰减,由接收仪器接收后,通过分析研究接收和记录下来的波动信号来确定岩体介质的力学特性,了解它们的内部缺陷。

根据上述原理,测试采用 RSM-SY5 智能型超声波测试仪,将一对换能器布置在一定距离的双孔中,进行跨孔测试。通过声波仪器发射和接收超声波,得到两孔间衰减后的岩体声波波形和波速。

测试地点选在蒙库铁矿 1080 水平,勘测线 119—120 处。通过现场调查和资料查阅得知,测试区边坡岩体主要由变粒岩等岩组组成,结构面间距为 0.5～1.0 m,节理面平直,闭合半张开。本区边坡岩体主要为块状,岩性坚硬,节理发育。上部岩体较为破碎,呈碎裂结构,通过试验了解深部岩体的风化程度和完整性。

2.6.3 现场探测孔布置

在 1# 矿南区 1080 水平,勘测线 119－120 处布置一组探测孔。孔径大于 40 mm,孔深 2400 mm,钻孔方向垂直水平面向下。钻孔时,尽量保证孔内壁光滑,并清除孔内岩屑。试验地段及测孔具体布置如图 2-12、2-13 所示。

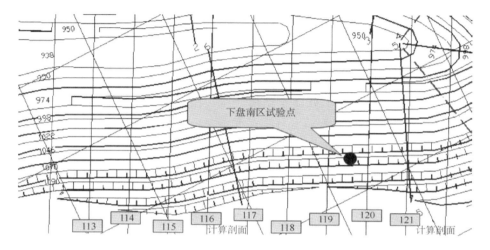

图 2-12 声波测孔平面布置示意图

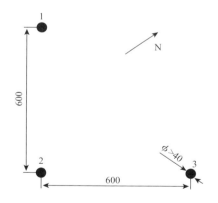

图 2-13 声波测试测孔布置图(单位:mm)

2.6.4 测试结果及数据处理

2.6.4.1 测试结果

现场测试见图 2-14,测试所得典型声波波形图见图 2-15～图 2-17,所得测试原始数据见表 2-4。

图 2-14　现场声波测试照片

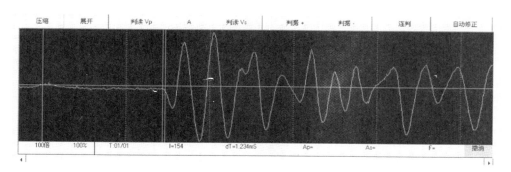

图 2-15　测点 1－2 孔实测波形图

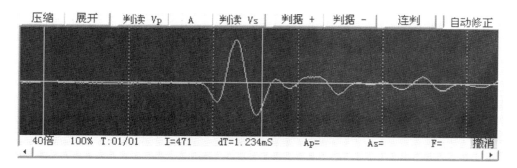

图 2-16　测点 2－3 孔实测波形图

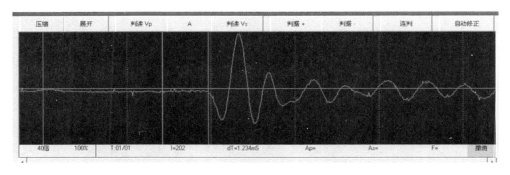

图 2-17　测点 3－1 孔实测波形图

表 2-4　1080 水平声波测试数据

| 工程名称:下盘南区 1080 水平声波测试 | | | | | 仪器:RSM-SY5 声波仪 | |
| 试验地段:下盘南区 1080 水平,勘测线 119－120 间 | | | | | 测试日期:2007.8.24 | |
试验地段岩性	测孔序号	发射(m)	接收(m)	跨距(m)	纵波波速(m/s)	平均波速(m/s)
条带状变粒岩	1－2	2.40	2.40	0.60	3818	3821
		2.20	2.20	0.60	3818	
		2.00	2.00	0.60	3925	
		1.80	1.80	0.60	3751	
		1.60	1.60	0.60	3923	
		1.40	1.40	0.60	3628	
		1.20	1.20	0.60	3796	
		1.00	1.00	0.60	3716	
		0.80	0.80	0.60	3747	
		0.60	0.60	0.60	3828	
		0.40	0.40	0.60	3628	
		0.20	0.20	0.60	3870	
	2－3	2.40	2.40	0.60	3651	3703
		2.20	2.20	0.60	3610	
		2.00	2.00	0.60	3502	
		1.80	1.80	0.60	3604	
		1.60	1.60	0.60	3541	
		1.40	1.40	0.60	3777	
		1.20	1.20	0.60	3656	
		1.00	1.00	0.60	3823	
		0.80	0.80	0.60	3742	
		0.60	0.60	0.60	3813	
		0.40	0.40	0.60	3724	
		0.20	0.20	0.60	3892	

(平均波速 3728)

工程名称:下盘南区 1080 水平声波测试					仪器:RSM-SY5 声波仪	
试验地段:下盘南区 1080 水平,勘测线 119—120 间					测试日期:2007.8.24	
试验地段岩性	测孔序号	发射(m)	接收(m)	跨距(m)	纵波波速(m/s)	平均波速(m/s)
条带状变粒岩	3—1	2.40	2.40	0.85	3628	3661　3728
		2.20	2.20	0.85	3502	
		2.00	2.00	0.85	3604	
		1.80	1.80	0.85	3541	
		1.60	1.60	0.85	3677	
		1.40	1.40	0.85	3656	
		1.20	1.20	0.85	3823	
		1.00	1.00	0.85	3651	
		0.80	0.80	0.85	3723	
		0.60	0.60	0.85	3648	
		0.40	0.40	0.85	3696	
		0.20	0.20	0.85	3790	

2.6.4.2　数据处理

声波速度与岩石物理力学性质密切相关。一般来说,岩石愈致密完整、强度愈大,岩体稳固性愈好,声波速度愈高,所以声波速度可以作为评价岩石强度与岩体稳固性的一项指标。当岩体中存在节理、裂隙、层理、断层等结构面时,将产生反射、折射、绕射等现象,使声波振幅和速度降低。因此同一岩性的岩体结构面愈发育,其波速愈低。这样可引入完整性系数 K_w 和裂隙系数 K_J 来表征岩体裂隙的发育程度和风化程度,计算公式如下:

$$K_w = (V_{pm}/V_{pr})^2 \tag{2-1}$$

$$K_J = (V_{pr}^2 - V_{pm}^2)/V_{pr}^2 \tag{2-2}$$

式中,K_w——岩体完整性系数;

　　K_J——岩体裂隙系数;

　　V_{pm}——有裂隙岩体的纵波速度;

　　V_{pr}——完整岩石试块的纵波速度。

依据上述公式,计算所得结果见表 2-5。

表 2-5　声波测试数据处理

岩体名称	岩体 V_p(m/s)	完整岩石 V_p(m/s)	完整性系数 (K_w)	裂隙系数 (K_J)
条带状变粒岩	3728	5200	0.514	0.486

由表 2-5 可知,完整性系数 K_w 为 0.514,裂隙系数 K_J 为 0.486,对照表 2-6 的完整程度分级,可知此处岩体完整性为中等,节理裂隙中等发育。考虑实验段已受爆破震动影响,实际应为中等完整～完整。

表 2-6　岩石完整程度的分级

岩体完整性的描述	完整性系数(K_w)	裂隙系数(K_J)
极完整	＞0.9	＜0.1
完整	0.75～0.9	0.1～0.25
中等完整	0.5～0.75	0.25～0.5
完整性差	0.2～0.5	0.5～0.8
破碎	＜0.2	＞0.8

本试验有效揭示了深部岩体质量特性,可以得出以下结论:

(1)在北偏西约 60°方向上的 1－2 两孔波速相对于其他两组最大,而 2－3、3－1 组合的波速相差不大,可以推测节理裂隙发育主要以垂直(或者是近似正交)于 2－3、3－1 测线的方向发育,而与 1－2 测线方向近似平行。

(2)一般情况下,表面岩体由于没有覆盖,风化程度较高,随着埋深的增加,风化程度降低,完整性亦趋好,声波测试具有典型的代表性。

2.7　工程地质分区及评价

以现场工程地质调查为基础,结合前期勘察资料,将蒙库铁矿边坡总体上分为Ⅰ(北帮)、Ⅱ(西帮)、Ⅲ(南帮)、Ⅳ(东帮)共 4 个区,南帮又分为 a、b、c、d 四个亚区,如图 2-18 所示。具体描述如下。

Ⅰ区(北帮):北帮地表有第四纪覆盖层,开挖后,地表的堆积物风化严重,因此在接近地表的开采平台,岩体大多呈灰黄色,较破碎,随着开挖的深入,岩体强度变高,破碎带减少并集中出现。地表水容易沿节理裂隙渗入岩体深部,使部分深层的岩体出现褐黄色铁质浸染或不均匀的风化带等软弱夹层。但由于地下水不丰富,类似软弱夹层较少。

岩性主要为变粒岩、层理状变粒岩、条带状角闪变粒岩及其互层。产状175°～210°∠85°,主要发育两组节理,产状分别为 300°∠39°、55°∠75°。总体上看,该区岩体结构为块状～碎裂状,整体上分布均匀。局部有软弱夹层、地下水浸染软弱带、构造破碎带,夹层中有膨胀性矿物质,但由于分布不连续,对边坡整体稳定性影响不大。从目前揭露边坡情况看,断层对边坡稳定性影响不明显。

Ⅱ区(西帮):岩性主要为条带状角闪变粒岩、角闪变粒岩,边坡与岩层走向垂直相切,岩石质量好,岩体较完整,主控结构面产状为 73°∠51°,边坡稳定性较好。

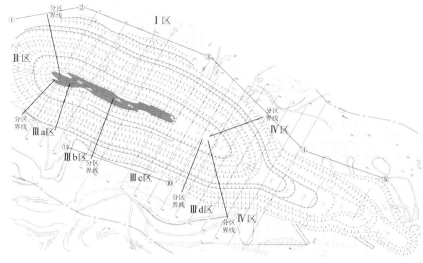

图 2-18　边坡工程分区图

Ⅲ区(南帮):从现场揭露情况看,该区分区现象较明显,依据岩性、物理力学性能、结构面发育程度等因素,将该区划分为Ⅲa、Ⅲb、Ⅲc、Ⅲd四个亚区。

Ⅲa、Ⅲc区边坡稳定性较好。岩性以变粒岩、浅粒岩、角闪变粒岩和层理状变粒岩为主,岩体构造基本为块状构造,少量碎裂状和层理状构造,抗风化能力强。

Ⅲb区边坡稳定性次之。南帮 111－112 控制线及附近范围内,岩体主要为层理状变粒岩,层厚较薄,在 10～50 cm 不等,层间有铁质浸染薄膜,或有泥质充填物;岩体倾角较大,产状为 18°～25°∠75°～85°;现场节理密集,主要为两组,产状分别为 285°～310°∠52°～56°和 25°～28°∠20°～30°。层理和两组节理的共同作用将岩体切割成块状,在爆破震动等因素影响下呈堆垛分布,影响了边坡岩体的稳定性,有岩块滑落和局部坍塌的可能。南帮 113－114 线及附近范围内,岩体主要为变粒岩,颜色土黄,层厚不一,局部夹有岩体破碎带,分布产状约为 308°∠52°,延伸长度约 10 m;岩体倾角较大,产状为 18°～25°∠75°～85°;现场节理发育,可以分为三组,产状分别为 280°～300°∠65°,90°～120°∠78°～85°和 315°∠70°。在该区,还存在围岩蚀变现象,导致岩体钙化,尽管岩块单轴抗压强度较大(可达 100 MPa),但极易风化。

Ⅲd区边坡稳定性最差。存在力学性能较差的黑云角闪斜长片麻岩,发育三组节理,岩体切割成块状～碎裂状。

Ⅳ区(东帮):从揭露部分观察,表层风化较严重,岩体较破碎;但在风化层以下,岩体较完整,岩体质量较好。岩性主要为角闪变粒岩、条带状角闪变粒岩和部分磁铁矿。该区边坡风化带以下属坚硬岩石,边坡稳定性较好。

从整个矿区的工程地质情况看,蒙库铁矿边坡岩体整体情况较好,可能发生的边坡破坏类型有浅表层的滑动破坏、局部岩体崩塌滑落、主控结构面走向与坡面近于平行而倾角小于坡面倾角时产生的局部平面破坏、局部岩体质量较差区域可能发生多组结构面交切组合产生的楔形破坏、边坡顶部岩体风化严重或强破碎带区域产生的近圆弧形滑动破坏以及滚石坠落等。

2.8 本章小结

通过对蒙库铁矿边坡区域自然气候条件的分析并结合工程地质调查主要得出了以下结论：

（1）矿区主要出露岩层为泥盆系下统康布铁堡组下亚组第二层第二分层（$D_1K_1^{2-2}$），岩性以变粒岩、角闪变粒岩、条带状角闪变粒岩为主，另有少量黑云角闪斜长片麻岩、黑云母片岩、斜长角闪岩及大理岩等。

（2）矿区位于阿尔泰山褶皱系中段喀纳斯—青河冒地槽褶皱带和克兰优地槽褶皱带的接合部位，区内断裂构造发育，主轴线与地层走向基本一致。

（3）矿区主要的地质构造现象有铁木下尔滚向斜、蒙库背斜等褶皱构造以及巴塞断裂的一部分 F_1 断层、北西向纵向断裂 F_3 和一组与矿体或地层走向基本一致的纵向断层等断层构造。但是根据现场出露观察，多数断层与边坡垂直，对边坡的稳定性影响不大。

（4）矿区整体的水文地质条件较好，但边坡表层的一些强风化地带及节理发育区域会成为良好的水流通道，在降雨集中时期会对边坡稳定性造成一定影响。

（5）矿区岩体主要发育有三种类型的剪节理，即无充填、有铁质薄膜浸染以及泥质、破碎岩屑充填的节理。根据结构面特征统计分析，矿区节理总体上为两组，产状分别为 300°～310°∠60°～70°、115°～125°∠80°～90°，其走向相近，倾向相反，倾角相差不大，具同期性，在现场多表现为紧密闭合状态。通过对节理中的泥质、破碎岩屑充填物进行 X 衍射实验可知，其蒙脱石、伊利石等具膨胀性的矿物含量较高，对矿区北帮边坡局部稳定性造成了不利影响。

（6）通过声波测试揭示了边坡深部岩体完整性条件和质量，表层由于风化和已有爆破的影响，岩体较破碎，完整性较差，随着埋深的增加，风化程度降低，完整性亦趋好；测试点布设方式对试验结果影响较大，主要表现在裂隙节理发育方向的影响；本试验段的波速较高，岩体可判定为中等完整～完整。

（7）蒙库铁矿边坡总体上可划分为 I（北帮）、II（西帮）、III（南帮）、IV（东帮）共4 个区，南帮又分为 a、b、c、d 四个亚区。边坡岩体整体情况较好，仅南帮 b、d 两个亚区岩体质量稍差。可能发生的边坡破坏类型有浅表层的滑动破坏、局部岩体崩塌滑落、局部平面破坏、楔形破坏、边坡顶部岩体风化严重或强破碎带区域产生的近圆弧形滑动破坏以及滚石坠落等。

第3章 冻融循环作用对岩石物理力学性能影响研究

我国的永久性和季节性寒区面积占国土总面积的四分之三，在冻融环境条件或寒区岩土工程中，冻融环境的变化对岩石稳定性影响是一个不可忽视的重要因素。由于岩石本身就是一种自然损伤材料，冻结后可引起水分向冰冻带运动，并在其内部形成水、冰、岩的多相损伤介质，岩石中冰体的形成和发育会产生巨大的冻胀力，这种不均匀的冻胀力和冻胀变形对岩体工程稳定性将产生重要影响；特别是在我国寒区，早晚及四季温度的差异引起冻融循环，冻胀变形对岩体结构产生影响，而在融化过程中这种变形不能完全恢复，从而加剧了岩石内部的缩胀、损伤开裂等一系列物理、力学的交替变化。基于此，开展冻融环境下岩石的物理力学特性研究，对于岩体工程安全稳定分析具有重要的实际意义。本章结合蒙库铁矿矿山边坡的实际地质情况，对矿区内典型的岩石材料进行冻融循环试验，探讨冻融作用对岩石物理力学性质的影响及劣化机理。

3.1 矿区岩体物理力学性质

3.1.1 典型岩体物理力学性质

在南帮、北帮和东帮不同地段不同岩性采取岩样进行室内力学性能试验，分别进行岩块单轴抗压、弹性（变形）模量以及抗剪强度试验。部分岩样如图 3-1 所示，单轴抗压、弹性（变形）模量试验及剪切试验见图 3-2，单轴抗压及弹性（变形）模量试验所得部分曲线图见图 3-3，各种物理力学试验得到的最终试验结果见表 3-1。

图 3-1　部分岩样实物照片

图 3-2　单轴抗压、弹性(变形)模量与剪切试验

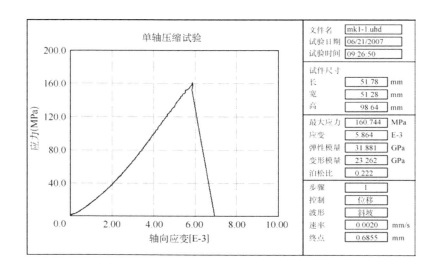

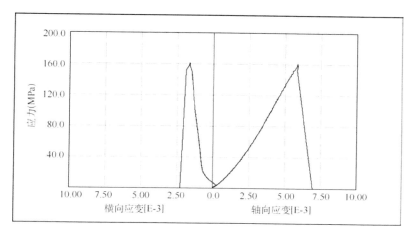

图 3-3　单轴抗压及弹性(变形)模量试验部分曲线图

表 3-1　蒙库铁矿岩块室内试验物理力学参数统计表

编号	采样地点	岩性	天然密度 g/cm³	单轴抗压 (MPa)		抗剪强度		弹性模量 (GPa)	变形模量 (GPa)	泊松比
						C (MPa)	Φ (°)			
mk1	南帮 1110 平台 117 线	角闪变粒岩	2.77	最大	150.744	8.94	44.5	31.881	23.262	0.245
				最小	94.912			15.737	12.741	0.222
				均值	125.526			22.369	17.057	0.231
mk2	南帮 1110 平台 114 线	蚀变变粒岩(钙化)	2.62	最大	137.013	5.22	47.4	29.361	18.677	0.258
				最小	86.451			16.267	8.976	0.233
				均值	108.05			19.46	15.466	0.247
mk3	北帮 1150 平台 115 线	层理状变粒岩	2.62	最大	160.638	6.03	45.1	30.542	19.631	0.238
				最小	104.749			27.081	16.089	0.221
				均值	120.743			28.817	18.257	0.229
mk4	北帮 1150 平台 116 线	变粒岩	2.65	最大	134.729	5.56	45.2	29.236	18.757	0.253
				最小	106.395			25.934	13.913	0.227
				均值	117.558			27.962	16.499	0.243
mk5	北帮 1070 平台 112 线	变粒岩	2.74	最大	178.192	6.16	45.9	33.495	24.352	0.236
				最小	110.827			25.247	17.740	0.217
				均值	134.920			29.793	20.537	0.224
mk6	东帮 1170 平台 135 线	角闪变粒岩	2.64	最大	154.077	6.00	45.4	35.739	22.647	0.234
				最小	121.083			28.952	16.844	0.221
				均值	133.584			32.762	19.697	0.228
mk7	南帮 1140 平台 113 线	风化层理状变粒岩	2.69	最大	112.354	2.73	45.1	27.518	20.107	0.291
				最小	71.495			19.120	11.590	0.242
				均值	94.013			22.873	15.824	0.278

编号	采样地点	岩性	天然密度 g/cm³	单轴抗压（MPa）		抗剪强度		弹性模量（GPa）	变形模量（GPa）	泊松比
						C（MPa）	Φ（°）			
mk8	南帮 1130 平台 122 线	黑云角闪斜长片麻岩	2.63	最大	103.256	3.17	41.7	25.913	18.526	0.351
				最小	62.729			16.046	10.395	0.284
				均值	79.176			20.421	13.451	0.314

说明：表中为自然状态下所测岩块的试验数据。

3.1.2　结构面力学性质

结构面的力学性质（主要是结构面的抗剪强度）是控制岩体稳定的重要因素，其力学性质与充填程度有直接关系；无充填结构面的抗剪强度主要取决于结构面两壁的起伏状态、粗糙度和凸起体的强度，有充填结构面的抗剪强度主要取决于充填物的成分和厚度。根据工程地质调查，蒙库铁矿边坡岩体结构面主要有无充填、铁质薄膜浸染及泥质和破碎岩屑充填三种情况，但以无充填结构面居多。通过现场采样，进行多组室内结构面剪切试验，最终得到蒙库铁矿边坡岩体不同性质结构面的剪切强度参数，见表 3-2。

表 3-2　边坡岩体不同结构面抗剪强度指标

结构面类型	C（MPa）	Φ（°）
无充填	0.21～0.35	25～35
铁质薄膜浸染	0.08～0.15	20～30
泥质和破碎岩屑充填	0.05～0.10	16～21

3.2　冻融试验方案设计

蒙库铁矿边坡岩性条件较复杂，因此，选取具有代表性的岩石样品研究冻融作用对岩石强度的影响，从而对边坡稳定性进行判断是非常重要的。针对研究项目需要，在新疆水利水电工程质量检测中心进行了矿区岩石抗冻性试验，用以评估岩石在自然及饱和状态下经受规定次数的冻融循环后抵抗破坏的能力。

3.2.1　岩样制备

选取研究区内典型的岩石样本变粒岩、角闪变粒岩、层理状变粒岩和黑云角闪斜长片麻岩进行室内试验。试验所需的岩样均是从矿山现场取得的新鲜大岩块，再制作成标准岩样，制备试件时采用纯净水作为冷却液。为了减少试件的离散性和便于对比，所有岩样均取自相同地点的大岩块，岩性、结构面发育程度、风化程度均接近。并在试验前对样品特征进行详细的描述，包括：岩石名称、颜色、矿物成分、颗粒大小、风化蚀变特征、裂隙分布等。试验所采用的变粒岩、角闪变粒岩和黑云角闪斜长片麻岩为中～厚层状结构，完整性好，岩性均一，满足试验条件的要求。

利用钻石机或磨石机等加工设备，将各类岩样按取样的大小及坚硬程度不同制成直径 5 cm、高 10 cm 标准圆柱体。每组试件制备 3 个，每类岩样制作 4 组，分别用于 0 次、10 次、20 次和 30 次的不同冻融循环次数试验。根据试验需要，制作标准试样共计 48 个。部分现场试验样品见图 3-4 所示。

(a) 1" (变粒岩) 10次冻融前饱和试样　　　　(b) 2" (角闪变粒岩) 10次冻融前饱和试样

图 3-4　冻融试验前部分岩样照片

3.2.2　试验设备

试验中使用的仪器主要有低温冰箱、电热鼓风干燥箱、电子天平等。各种仪器的参数指标如下：

(1)样品的制作使用钻石机、切石机、磨石机和车床。

(2)岩样的冻结使用 WTD-026 低温冰箱，工作室容积为 0.26 m³，温度可达到 −40℃，满足不高于 −25℃ 的要求。

(3)融化岩样使用电热鼓风干燥箱，最高工作温度可达 300℃。

(4)实验中质量量测使用天平，量程为大于 2000 g，精度达到 0.01 g。

(5)试验中还需要岩石的真空饱和设备，包括抽气装置。

(6)强度实验均在单轴压力机上进行。

3.2.3　试验方法选择

冻融试验分为直接冻融和间接冻融两种,直接冻融法是将试样放在空气中或水中冻融的方法。间接冻融法也叫固定性试验,是用硫酸钠溶液浸泡试样,岩石浸入到硫酸钠溶液中,在岩石空隙中结晶时体积迅速膨胀而破坏岩石。考虑到本工程中岩石与水的密切关系,故采用直接冻融法。

直接冻融法又分为慢冻和快冻两种方法。两者相比较,快冻法具有试验周期短、劳动强度低等优点,故此,选择快冻法作为本次试验的方法。

对于冻融循环次数,考虑到试验目的一方面是利用冻融系数和质量损失率指标来了解岩块的物理力学性能在冻融条件下是否满足岩石抗冻性要求,另一方面为了研究不同冻融循环次数对岩块的物理力学性能影响程度,故根据本次研究的需要并参考现场气候条件,确定本次冻融循环试验次数分别为 10 次、20 次、30 次,最大冻融次数为 30 次,满足规范规定的循环次数要求。

3.2.4　试验步骤

(1)根据岩样的岩性以及试验的冻融循环次数,将试样进行分组,清除试样表面的尘土和松动颗粒,并将试样编号。

(2)将所有岩样均放置在 105～110℃ 的烘箱中烘 24 h,然后放入干燥器内冷却至室温。并进行第一次量测,称取冻融前岩样的烘干质量。

(3)采用自由吸水法测定岩石自然吸水率,将试样放入水槽,先注水至试件高度的 1/4 处,以后每隔 2 h 分别注水至试样高度的 1/2 和 3/4 处,6 h 后全部浸没试样。试样全部浸入在水中自由吸水 48 h 后,取出试样拭干表面水分并称重。

(4)对自由吸水后的试样进行强制饱和,采用真空抽气法饱和试样,饱和试样的容器内的水面应高于试样,直至无气泡逸出为止。抽气时间不得少于 4 h,经真空抽气的试样应放置在原容器中,在大气压力下静置 4 h,取出试样拭干表面的水分并称重。

(5)将每种岩性取 3 块饱和试样进行冻融前的单轴抗压试验,并记录饱和单轴抗压强度值。

(6)将其他饱和试样放入白铁皮盒内的铁丝架中,一起放置在低温冰箱,在 −20℃ 温度下冻 4 h,然后取出铁皮盒,往盒内注水浸没试样,水温保持在 20±2℃,融解 4 h,即为一个循环。

（7）每进行一个冻融循环，详细检查各试样有无掉块、裂缝等，观察其破坏过程。试验结束后进行一次总的检查，并详细记录。

（8）试样达到规定冻融次数后，从水中取出试样，拭干表面水分并称重，测定其饱和单轴抗压强度。

必须注意，冻融试验时的试样必须充分饱和，即继续浸水到试样不再增加吸水量时，才可进行冻融试验，否则会出现冻融后试样重量大于冻融前试样重量的反常现象。

3.2.5　试验数据处理

不管是快冻法还是慢冻法，均是以重量损失率和单轴抗压强度下降率作为判定指标。

（1）岩石的冻融系数 K_f 的计算按照式（3-1）进行，试验结果精确至 0.01。

$$K_f = R_F/R_s \tag{3-1}$$

式中，R_F——经若干次冻融试验后的试件抗压强度（MPa）；

R_s——未经冻融试验的试件抗压强度（MPa）。

（2）冻融质量损失率按照式（3-2）进行计算：

$$L_F = \frac{m_s - m_f}{m_s} \times 100\% \tag{3-2}$$

式中，m_f——经若干次冻融试验后的试件饱和质量（g）；

m_s——未经冻融试验的试件饱和质量（g）。

3.3　冻融循环对岩块物理力学性能影响研究

3.3.1　冻融岩石外观特征

从现场试验可以看出，所有岩样冻融后，并没有发生表面脱落或者破碎，只是在部分样品中，有些闭合的裂缝略微发生了张开，从外观上说明以上岩性的抗冻性能较好。图 3-5 和图 3-6 显示的是典型岩性岩样冻融循环试验后的试件外观图。

(a) 1#（变粒岩）冻融10次后饱和试样   (b) 1#（变粒岩）冻融20次后饱和试样

(c) 1#（变粒岩）冻融30次后饱和试样

图 3-5   1#（变粒岩）冻融试验饱和试样图

(a) 2#（角闪变粒岩）冻融10次后饱和试样   (b) 2#（角闪变粒岩）冻融20次后饱和试样

(c) 2#（角闪变粒岩）冻融30次后饱和试样

图 3-6   2#（角闪变粒岩）冻融试验饱和试样图

3.3.2　质量损失率分析

将以上四种岩样冻融前后的质量进行比较,得到冻融质量损失率见表 3-3,绘制成直方图如图 3-7 所示。在冻融后饱水变粒岩和饱水角闪变粒岩质量都是持平或者小幅下降的,但饱水变粒岩下降率较小,在 0.02% 以下;而饱水黑云角闪斜长片麻岩较高,下降率最大达到 0.06%。由于所有的岩样冻融后,并没有破碎和碎块剥落现象,可以认为,岩样的质量损失并非主要是固体物质的损失,而是冻融过程导致岩样内部的水分蒸发,冻融作用对质量变化的影响较小。

表 3-3　冻融循环后质量损失率统计表

岩性	冻融循环 10 次后冻融质量损失率平均值(%)	冻融循环 20 次后冻融质量损失率平均值(%)	冻融循环 30 次后冻融质量损失率平均值(%)
变粒岩	0.01	0	0.02
角闪变粒岩	0.02	0.02	0.03
层理状变粒岩	0.01	0.02	0.04
黑云角闪斜长片麻岩	0.02	0.03	0.06

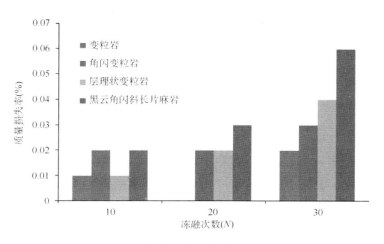

图 3-7　冻融后岩样质量损失直方图

从图 3-7 可以看出,随着冻融循环次数的增加,岩样的质量基本出现减少,但是上图中的质量损失率只是统计的 3 组岩样的平均值。但在试验中发现,部分岩样在多次冻融循环后,质量反而发生了增加,例如:变粒岩冻融 20 次循环的 1# 试件在试验后,质量由原来的 491.66 g 增加到 491.86 g;黑云角闪斜长片麻岩样品在试验中也有质量增大的现象。造成这种现象一方面是由于仪器测量的误差影响；同时，可能是由于试件在冻融循环作用下，其内部气孔有的已经破裂，甚至产生了微裂缝，导致吸水率增加，从而使试样的质量略有增加。若试样没有发生掉块现象而重量增加，可以认为质量损失率为零。

3.3.3 强度损失率分析

表 3-4 为不同冻融循环次数作用后试样的均值饱和单轴抗压强度及其损失率。由试验结果可见：随着冻融循环次数的增加，试件饱和抗压强度明显降低，并且经历相同冻融循环次数作用后，变粒岩和角闪变粒岩的饱和抗压强度降低程度基本相同，但黑云角闪斜长片麻岩的强度降低程度较前三者都要大，最大达到 29.09%，如图 3-8 直方图所示。

表 3-4 不同冻融循环后样品均值饱和强度及强度损失率

岩性	未冻融饱和抗压强度平均值(MPa)	冻融循环 10 次		冻融循环 20 次		冻融循环 30 次	
		饱水抗压强度(MPa)	冻融强度损失率(%)	饱水抗压强度(MPa)	冻融强度损失率(%)	饱水抗压强度(MPa)	冻融强度损失率(%)
变粒岩	157.10	143.90	8.40	137.70	12.30	117.10	25.49
角闪变粒岩	125.70	116.90	7.00	113.20	9.94	111.70	11.14
层理状变粒岩	110.50	100.90	8.69	96.80	12.40	89.40	19.10
黑云角闪斜长片麻岩	68.40	60.30	11.84	57.40	16.08	48.50	29.09

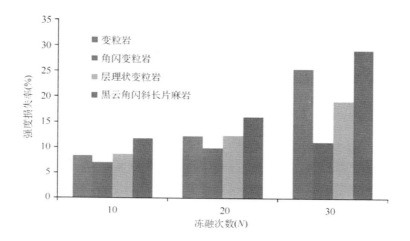

图 3-8 冻融后样品强度损失直方图

随着冻融循环次数的增加,岩块力学性能基本呈下降趋势。总体来说,自然状态下强度较高的岩石(如变粒岩)的强度损失率要低于自身强度较低的岩石(如黑云角闪斜长片麻岩)。

3.3.4　冻融系数分析

冻融系数是表征岩石抗冻性的一个典型指标,分别计算每个循环的冻融系数,统计见表 3-5 所示。从试验数据可以发现,四种样品的多次冻融循环后的冻融系数均大于 0.6,而且四者的冻融系数基本相当,不管是变粒岩还是角闪片麻岩,冻融系数均随着冻融循环次数的增大而减小,说明冻融循环越频繁,对岩石强度的影响越大。具体结果如表 3-5 和图 3-9 所示。

表 3-5　样品冻融系数试验统计值

岩性	冻融循环 10 次	冻融循环 20 次	冻融循环 30 次
变粒岩	0.92	0.92	0.75
角闪变粒岩	0.92	0.90	0.89
层理状变粒岩	0.91	0.88	0.81
黑云角闪斜长片麻岩	0.88	0.84	0.71

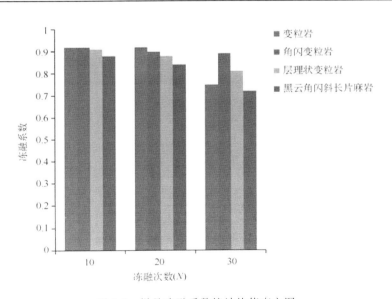

图 3-9　样品冻融系数统计均值直方图

分析可知,变粒岩和黑云角闪斜长片麻岩试验冻融系数最小,为 0.75 左右,大部分在 0.8~0.9 附近,而对应的冻融质量损失率最大,为 0.06%。

随着冻融循环次数的增加,岩块物理质量和力学性能基本呈下降趋势,说明冻融作用对蒙库铁矿岩石的物理力学性能有一定的影响,但对部分坚硬致密岩体影响较小。

3.3.5 冻融风化系数分析

岩石是工程上大量使用的材料,实际工程中的岩石材料总是处在一定的环境中,经受着不同风化作用的影响。引起岩石风化作用的因素很多,温度的变化也是其中的重要因素之一,如在寒区,由于季节更替、昼夜循环,岩石材料承受着循环冻融引起的物理风化作用,内部材质会因此劣化。为评价循环冻融后岩石的风化程度,采用岩石风化程度系数(K_y)来评定研究区典型变粒岩和角闪变粒岩的风化程度。

$$K_y = \frac{1}{3}(K_n + K_R + K_w) \tag{3-3}$$

式中,K_y——岩石风化程度系数;

K_n——孔隙率系数,$K_n = \dfrac{n_1}{n_2}$;

K_R——强度系数,$K_R = \dfrac{R_1}{R_2}$;

K_w——吸水率系数,$K_w = \dfrac{\omega_1}{\omega_2}$;

n_1,R_1,ω_1 分别为新鲜岩石的孔隙率、抗压强度、吸水率;

n_2,R_2,ω_2 分别为风化岩石的孔隙率、抗压强度、吸水率。

由于本试验采用的岩样较为完整致密,冻融前后质量变化也不大(见 3.3.2 节),其孔隙率系数和吸水率系数可近似为1,此时岩石风化程度主要由强度系数来评定;由式(3-3)可计算出在不同的冻融循环次数下两种岩样的风化程度系数 K_y,见表 3-6。

表 3-6 岩样风化程度系数统计值

岩样	冻融 10 次		冻融 20 次		冻融 30 次	
	风化系数	风化程度	风化系数	风化程度	风化系数	风化程度
变粒岩	0.97	新鲜	0.94	新鲜	0.82	风化
角闪变粒岩	1.00	新鲜	0.94	新鲜	0.93	新鲜
层理状变粒岩	0.98	新鲜	0.92	新鲜	0.85	风化
黑云角闪斜长片麻岩	0.93	新鲜	0.88	风化	0.78	风化

从表 3-6 可以看出,随着冻融次数的增大,两种岩体风化系数逐渐减小,且冻融循环对岩体风化程度的影响角闪变粒岩程度最小,黑云角闪斜长片麻岩的影响最大;一般在经过 20 次冻融循环后,岩体风化程度仍保持新鲜的状态,但经过 30 次冻融循环后,由于岩石的强度发生明显降低,风化系数小于 0.9,属于微风化的岩石。对黑云角闪斜长片麻岩,经过 20～30 次冻融循环,其风化系数降低到 0.8 以下,呈微风化的状态;说明冻融循环会引起寒区岩体的物理风化作用,岩体的物理力学特性也会产生一定的劣化。

3.3.6 试验结果综合分析

岩石的抗冻性是指岩石抵抗冻融破坏的性能,是评价岩石抗风化稳定性的重要指标。岩石的抗冻性常用冻融系数和质量损失率来表示。其中冻融系数指饱和试件在 −20～20℃ 温度下反复冻融 25 次后其抗压强度变化值与冻融试验前的抗压强度之比的百分数。满足冻融后冻融系数大于 75％ 和质量损失率小于 2％ 的标准,说明岩块抗冻性合格。

前面计算的冻融系数和质量损失率均是在冻融 30 次基础上计算的,要高于试验要求的标准;同时,研究区岩体不仅会经历多次季节循环,而且会经历反复昼夜冻融循环,实际的冻融环境也要劣于试验条件。结合上述条件,在本研究区确定抗冻性合格的标准为冻融系数大于 60％ 和质量损失率小于 5％。根据上面试验数据的分析,满足上述标准,说明岩块抗冻性合格。

对上述试验样品和试验数据的分析还可以看出,本次所取岩石样品经反复冻融作用后,其物理性能(质量等)、力学性能(强度等)均有不同程度的下降。变粒岩和角闪变粒岩强度下降不明显,原因是:其属于坚硬岩体,本身强度高,致密状结构,试验样品节理不发育,在冻融作用下强度变化较小。相比之下,层理状变粒岩和角闪片麻岩的强度和质量变化较明显,尤其是角闪片麻岩,主要原因在于岩体本身强度就比较低,加上结构面发育较明显,由于爆破震动的影响,结构面微张,所以冻融作用的影响更为显著。

结合蒙库铁矿边坡具体情况,并分析总结以往相似的研究成果,认为在高海拔寒区边坡稳定性的评价体系中必须考虑冻融作用的影响。

3.4 冻融循环条件下岩石劣化机理

天然岩体中赋存的孔隙水和裂隙水在气温交替变化下冻结、融化而引起岩石微观损伤、冻胀碎裂以及破坏失稳等劣化现象,被认为是寒区岩体主要的风化过程。已有的国内外研究资料表明,寒区岩体冻融损伤劣化是引起岩石工程灾害的主要原因之一,所以对其冻融循环条件下岩石的劣化机理进行分析十分必要。

3.4.1 岩石冻融损伤现象及过程

天然岩石是一种自然损伤材料,在漫长的地质过程中形成各种孔隙和裂隙,这些孔隙和裂隙中一般赋存有一定的水分,并在冻融环境中结冰、融化,如此反复,在岩石内部出现了新的裂纹和损伤。

寒区岩体在经受漫长的冻融作用后,均受到不同程度的冻害。对于软弱岩体,如砂岩、泥岩、页岩等,岩体冻融损伤劣化形式表现为角砾化和碎裂,且逐步向地层深部发展;而对于强度较高的硬岩,如大理岩、花岗岩,其冻融损伤形式主要表现为裂隙冰的冻胀,且这种冻胀力的破坏效应不可逆,不容忽视。

从冻融循环试验可以看出,变粒岩由于孔隙率较低(样品的孔隙率均小于0.3%),在经历10次冻融循环之后岩样都没有出现宏观裂纹,并且表面观察不到裂纹的萌生,而在20次冻融循环之后,在某些岩样表面出现了沿纹理方向的微裂纹,并在30次冻融循环之后部分扩展成了细裂纹(长1~2 cm),且经过力学试验破坏后的岩样内部已部分浸湿。变粒岩出现这样的裂纹是由于在冻融循环过程中,部分局部沿纹理方向发育的缺陷由于冻融循环次数的增大不断发展。同样,黑云角闪斜长片麻岩在多次冻融作用观测中,也出现了明显的裂缝增长、吸水率增大的现象,由最初的0.59%增加到0.76%。表3-7是四种岩样在经历多次冻融循环后吸水率变化的统计值。

表 3-7 岩样吸水率试验统计值

岩样	冻融 0 次 吸水率(%)	冻融 10 次 吸水率(%)	冻融 20 次 吸水率(%)	冻融 30 次 吸水率(%)
变粒岩	0.44	0.49	0.50	0.66
角闪变粒岩	0.40	0.42	0.49	0.57
层理状变粒岩	0.50	0.56	0.60	0.63
黑云角闪斜长片麻岩	0.59	0.62	0.72	0.76

岩石的吸水率大小取决于岩石孔隙的多少和连通情况,岩石的吸水率越大,表明岩石中的孔隙越大,数量越多,并且连通性越好。从表3-7可以看出,岩样在冻融20次以内,吸水率的变化不甚明显,但是在20次循环后吸水率有了较大的增加,表明岩体内部的孔隙数量和连通性有所增加。此外,对变粒岩经历不同冻融循

环次数后的质量测定发现,岩样的质量有所增加,但增加很小(冻融循环 30 次之后,变粒岩的质量增加不到 0.1%),究其原因主要是岩石内裂隙增多吸收水分的能力也所加强,但整体结构仍比较完整致密。

由试验和理论分析发现,这四种岩样经历不同冻融循环后的损伤劣化物理模式可以概括为裂纹模式,其冻融损伤劣化过程为:局部原生缺陷的存在—水分向这些缺陷渗透—冰透镜体的形成、冻胀力作用于缺陷表面—裂纹不断扩展、贯通,其冻融损伤是裂纹不断扩展的结果。

3.4.2　岩体冻融破坏机理

对孔隙介质,其冻融损伤劣化过程主要表现为:当孔隙脆性介质冻结时,储存在其孔隙内部的水发生冻结并产生约 9% 的体积膨胀,而这种膨胀将导致内部产生较大的拉应力和微孔隙损伤;当介质内部的孔隙水(或裂隙水)融化时,水会在其内部微孔裂隙中迁移,进而加速这种损伤。

而从力学的角度来看,岩体的冻融破坏过程为:当环境温度降低时,岩石内部的孔隙水开始发生冻结,体积发生膨胀,故对岩石颗粒产生冻胀力,由于这种冻胀力相对于某些胶结强度较弱的岩石颗粒具有破坏作用,故造成岩石内部出现了局部损伤;当温度升高时,岩石内部的水发生融解,伴随这一过程的是冻结应力的释放和水分的迁移;随着冻融循环次数的增加,这些局部损伤区域逐步连通成裂缝,岩石强度和刚度不断降低,并最终造成岩体块体断裂、剥落,从而影响其力学特性和工程应用。

从岩石的冻融破坏机理上看,造成这种冻融破坏的原因是由于组成岩体冻结和融化状态的三相介质(水、空气、含冰岩石)具有不同热物理性质,岩石矿物颗粒在温度降低时,其体积发生收缩,而冰在温度降低时,体积发生膨胀,岩石矿物颗粒为了限制这种膨胀,在矿物颗粒之间产生了巨大的局部拉、压应力(即冻胀力)。由于这种冻胀力是作用在矿物颗粒及岩石微孔隙这一微观尺度上,故孔隙水的存在及冻融循环条件会对岩体的损伤劣化产生深刻影响。

综合而言,冻融循环条件下孔隙水影响岩石冻融损伤主要通过 3 种方式:①水变成冰时发生体积膨胀,当孔隙水的饱和度超过 90% 时,这种膨胀会对孔隙壁造成较大的压应力;②形成冰透镜体或冰凌,这对岩石的冻融开裂有很大影响;③孔隙水压力,当温度降低,水变成冰并在孔隙或原生缺陷中发生膨胀时,过冷的水(未发生冻结的)便会被这些冰体从孔隙中驱散,造成孔隙水在岩石内部产生一定的孔隙水压力。岩石的冻融损伤就是这三种方式不断综合作用的结果。

3.4.3　冻融影响因素分析

影响岩石的冻融损伤因素包括内因和外因。内因包括岩石类型、强度、裂隙发育特征、密度、孔隙度、孔隙特征、渗透性等。外因包括冻融方式(如冻融次数、冻融周期、冻融温度范围、冻融温度变化速率、模式)、初始含水状态(如含水量、饱和度)、水分补给条件及岩石应力状态等。

3.4.3.1　岩性

岩性对岩石冻融损失劣化程度的影响是最大的,且影响主要表现在岩石的矿物颗粒大小和组成、矿物成分、胶结物强度、岩石强度和刚度、节理裂隙发育情况、节理分布特征、孔隙率、岩石密度等。一般来说,岩石的强度和刚度越高,矿物颗粒越致密,胶结物强度越高,节理裂隙不发育,孔隙度越小,其受冻融作用的影响越小;反之,其受冻融作用的影响越大。

3.4.3.2　岩石的孔隙率、含水量

岩石的孔隙率和含水量是影响岩石冻融损伤劣化的主要条件。从上述分析可知,岩石的冻融损伤劣化过程是由于水在岩石内部孔隙中的冻结和融化造成的,含水量对岩石的冻融损伤影响非常大。对于不同岩性的岩石,含水量大的岩石受冻融循环影响明显,反之,含水量小的岩石受冻融循环影响较小;而对于同种岩石,饱和度则是决定着岩石受冻融影响的关键因素。有研究发现,冻融循环温度范围在 $-18℃\sim14℃$,冻融周期为 3.5 h(冻结 2 h,融化 1.5 h),饱和度小于 60% 时对岩石的损伤劣化没太大的影响,但当饱和度超过 70%,则对岩石的损伤劣化影响非常大。

3.4.3.3　冻融循环次数、冻融周期(或冻融频率)

冻融循环次数、冻融周期对岩石的冻融损伤劣化影响也非常明显,这主要是由于不同的岩石其耐久性不同。冻融循环次数越多,冻融周期越短,岩石受冻融循环的影响则越明显。对于同一类岩石,总体趋势随冻融循环次数的增加而增大。本书对岩样经历不同冻融循环次数后进行常温下的单轴压缩试验,也发现了这一点。

3.4.3.4　未冻水、盐溶液

人们对混凝土和岩石这类孔隙介质的研究发现,即使在 0℃ 以下,结构中的水分并未全部发生冻结,这主要是由于结晶水的存在以及水中存在某些盐分导致水的冻结温度降低,并且岩石中微孔隙尺寸越小,水中溶解的盐分越多,岩石中孔隙水的冻结温度就越低,用这种方法某种程度上可以降低冻融作用对岩体损伤劣化

的影响。

3.4.3.5 冻融温度范围

冻融温度范围对岩石的冻融损伤劣化有较大影响。冻融温度范围越大,岩石受冻融循环影响越大,在工程中则表现为严寒地区比一般季节性寒区冻融影响要明显。冻融温度范围越大,水转化为冰就会充分,而且岩石各相组分的热膨胀性差别也越大,造成岩石在冻融循环后内部冻融压力增加,使得岩石的冻融损伤劣化就越快。

3.4.3.6 应力状态

自然界的岩石都处于一定的应力状态,寒区岩石也不例外。越来越多的研究表明,各种工程条件下,岩石的温度场、应力场、流体场之间是相互耦合的,寒区岩石工程同样如此。

3.5 本章小结

通过对不同循环次数作用下,研究区变粒岩、角闪变粒岩、层理状变粒岩和黑云角闪斜长片麻岩冻融试验结果的分析,可以得出如下结论:

(1)冻融循环作用对四种岩石质量变化的影响整体较小(小于 5%),但是随着循环次数的增加,质量损失率呈增大的趋势;其中对强度较低的角闪片麻岩的影响程度最大。

(2)冻融循环作用对四种岩石强度变化的影响要大于质量的影响,随着循环次数的增加,强度损失也逐渐增大;通过计算各个循环试验的冻融系数,其值均大于 0.6,满足抗冻性的要求。

(3)经过多次冻融循环,通过对岩样风化系数的对比发现,冻融循环引起了岩样进一步的物理风化;但风化程度的影响对不同的岩体程度有所差异。

(4)通过对两种岩样冻融循环试验发现,对此类含水量及孔隙率较低、强度相对较高的岩体,冻融损伤主要表现为裂纹模式,其冻融损伤是裂纹不断扩展的结果;初始裂隙和水分作用对岩体冻融劣化起着重要的作用。

(5)对于孔隙率和含水率较高、密度和强度较低的次坚硬岩石,冻融循环次数对损伤结构的扩展有明显的影响;由于后期水补给后,含水率增加,冻融影响会进一步增大。所以,岩石材料的初始损伤状态、初始含水率大小和冻融循环与其损伤扩展有着密不可分的关系。

第 4 章　寒区高边坡岩体质量评价与
力学参数确定

冻融循环对寒区岩体高边坡力学性能具有显著的劣化作用,选取力学参数时必须考虑冻融作用的影响。本章内容以前述研究成果为依据,通过室内冻融循环试验分析得出冻融系数,并结合现场地质调查和岩石地质条件,综合确定岩体冻融修正系数;以此为基础,采用寒区岩体质量分级 TSMR 法对矿区岩体质量进行评价;构建地质强度指标 GSI 值同 TSMR 量化值之间的关系,利用广义 Hoek-Brown 准则计算确定边坡岩体的力学参数。

4.1　边坡岩体质量评价方法概述

4.1.1　现有常用边坡质量评价方法

边坡岩体质量评价与分类可以为边坡岩体稳定性分析提供参考,为工程设计提供一种定量数据,并具有一定的实践指导意义。到目前为止在工程实践中应用较多的边坡岩体质量分类方法如下所述:

(1)Q 指标法:巴顿(Barton)等人提出的岩体质量分类法(Quantitative Classification of Rock Mass),又称 Q 系统指标法,主要根据六个方面的参数确定,即 RQD 值、节理组数、节理粗糙系数、节理蚀变系数、节理水折减系数、应力折减系数。

(2)RMR 法:即岩体地质力学分级法,在 1973 年由比尼奥斯基(Bieniawski)根据矿山开采掘进的经验提出的一种分类方法,主要根据六个方面的参数确定,即岩石的单轴抗压强度、RQD 值、不连续面间距、不连续面方向、不连续面性状和地下水条件。

(3)RMR-SMR 法:由 Romana 提出,SMR 法英文全称为 Slope Mass Rating(边坡岩体分类),该方法最大特点即引入 4 个系数对 RMR 法进行修正,其中两个系数反映边坡坡面与主控结构面的产状差异,其他两个系数则反映主控结构面倾角与爆破开挖方法,并将边坡岩体质量等级划分为好、一般、差这 3 个级别。

(4)RMR-CSMR 法:由中国水利水电边坡工程登记小组提出,是基于 RMR 法与 RMR-SMR 法的一种改进。由于引入了高度修正系数和结构面条件修正系数,尤其适用于高陡岩质边坡岩体质量分级。根据蒙库矿山边坡的具体情况,本章采用 RMR-CSMR 体系分级方法。

表 4-1 所列为目前世界范围内已提出的且应用较广泛的岩体分级标准(方法)。其中许多方法已经成功应用于隧道工程、边坡工程等多个领域。当然,不同的分级方法有着不同的应用范围和适用条件。

表 4-1　现有岩体分类(级)表

系统名称	缩写	提出者或组织	应用范围	注释
—		Ritter	隧道	规模化应用经验法设计隧道的首次尝试
岩体荷载分级	—	Terzaghi	隧道	最早提及用于隧道支护设计的岩体分级
稳定时间分级	—	Lauffer	隧道	涉及未支护隧道的开挖稳定时间
岩石质量指标	RQD	De Deer	普遍	很多分类系统的组成因素
岩石结构评分	RSR	Wickham et al.	小隧道	第一个岩体评级制度
隧道质量指标	Q	Barton et al.	隧道	最常用的隧道分类系统
岩体地质力学分类	RMR	Bieniawski	隧道和人工边坡	
采矿岩体分类	MRMR	Laubscher	矿山	基于 RMR 法(1973 年版本)
岩体强度分类	RMS	Moon and Selby	人工边坡	基于自然边坡的数据库
边坡岩体分类	SMR	Romana et al.	人工边坡	基于 RMR 法的修正(1979 年版本),边坡最常用的分类系统
边坡岩体分级	SRMR	Robertson	人工边坡	基于 RMR 法的该分类方法用于弱蚀变的钻孔岩芯
中国边坡岩体分类	CSMR	中国水利水电边坡工程登记小组	人工边坡	引入不连续条件和边坡高度修正系数的 SMR 系统
地质强度指标	GSI	Hoek et al.	普遍	基于 RMR 法(1976 年版本)
改进的岩体分类	M-RMR	ünal	矿山	用于软弱层状、各向异性和含泥夹层岩体
地质强度指标	GSI	Marinos and Hoek et al.	普遍	用于非结构面控制的失稳
岩质边坡劣化评估	RDA	Nicholson and Hencher	人工边坡	岩质边坡开挖中的浅层、风化相关的失稳
边坡稳定性概率分级	SSPC	Hack et al.	人工边坡	概率评估独立不同的失稳机理

系统名称	缩写	提出者或组织	应用范围	注释
岩浆岩岩石工作面安全等级	VRFSR	Singh and Connolly	人工边坡（临时开挖）	评价建筑区域内岩浆岩边坡的开挖安全
落石危险指数	FRHI	Singh	人工边坡（临时开挖）	保证稳定开挖，以确定工人的危险程度

4.1.2 基于 TSMR 法的边坡岩体质量评价方法

分析前述岩体质量评价体系及方法，目前国内外得到普遍认可的 4 个岩体质量评价体系——Q 系统、RMR 体系、SMR 体系以及 CSMR 体系，各有优缺点。Q 系统适用于隧道、硐室等地下工程，在水电工程中也有一定应用，但是在公路边坡这类规模相对较小的线状工程中具有针对性不强、不易操作等特点。RMR 体系对岩体质量本身的评定方面给出了十分详细的评价标准，但就结构面对开挖边坡稳定性的影响方面则仅给出总体的控制性标准，并没有具体化。SMR 体系考虑了不连续面—边坡面产状关系、边坡破坏模式以及边坡开挖方案，但没有考虑边坡高度，以及控制性结构面条件对边坡稳定性的影响。在 RMR 体系和 SMR 体系的基础上，CSMR 体系引入高度修正系数和结构面修正系数，提出了一套适合水电工程高边坡的岩体质量评价体系。4 个评价体系中 SMR 体系在一般的公路边坡岩体质量评价中具有较好的适用性，但是对于风化冻融强烈、节理裂隙发育的岩质公路边坡其评价结果往往偏于保守。

张元才等（2010）通过对天山公路沿线 100 余个公路边坡的统计分析，在 RMR，SMR 及 CSMR 岩体质量评价体系的基础上，改进坡高修正系数，调整结构面条件系数，引入冻融系数，建立了适用于高寒高海拔环境的天山公路边坡岩体质量评价体系 TSMR(Tianshan Slope Mass Rating)。根据此方法，分析其适用条件与蒙库铁矿露天边坡类似，本书中即采用 TSMR 分类法对边坡岩体质量进行评价分析。

4.2 考虑冻融循环作用的边坡岩体质量评价

4.2.1 基于冻融循环试验的冻融修正系数确定

以前文（第 3 章）冻融试验结果为基础，分析冻融试验过程中冻融系数的变化规律。分析表 3-5、图 3-9 可知:随着冻融循环次数的增加,四种岩石冻融系数均呈明显下降趋势,说明岩石强度随冻融循环次数的增加持续降低,但不同岩性岩石的强度降低率又有所不同。总体而言,自然状态下强度较高的岩石强度损失率要低于自身强度较低的岩石,表明冻融作用对岩石的损伤与岩石坚硬程度密切相关。同时,边坡岩体是形态结构复杂的地质体,室内试验得到的冻融系数由于缺乏考虑岩体结构特征,因此将岩石冻融系数应用到岩体时,须结合岩石坚硬程度和现场地质调查对冻融系数进行相应修正,岩石冻融修正系数和岩石坚硬程度之间的关系如表4-2所示,同时考虑现场地质情况修正后的岩体冻融系数如表 4-3 所示。

表 4-2　岩石坚硬程度与冻融修正系数的关系

岩石类型	冻融修正系数
坚硬岩	≥0.9
较坚硬岩	0.7~0.9
较软岩	0.5~0.7
软岩	0.2~0.5
极软岩	≤0.2

表 4-3　研究区冻融修正系数

岩层	冻融修正系数(η)
变粒岩岩层	0.9
角闪变粒岩岩层	0.9
层理状变粒岩岩层	0.85
黑云角闪斜长片麻岩岩层	0.8

4.2.2　边坡岩体质量评价

考虑冻融因素对边坡岩体的影响,在 CSMR 法基础上引入冻融作用修正系数作为影响因子,建立适用于高寒、高海拔地区边坡岩体的质量评价体系 TSMR 法,可适用于蒙库铁矿露天边坡岩体质量评价分析过程中,其表达式为:

$$TSMR = \eta \cdot \xi \cdot RMR - \lambda(F_1 \cdot F_2 \cdot F_3) + F_4 \qquad (4-1)$$

式中,η 为冻融作用修正系数;ξ 为坡高修正系数;F_1 为连续面倾向与边坡倾向间关系调整值;F_2 为不连续面倾角大小调整值;F_3 为不连续面与坡面倾角间关系调整值;F_4 为边坡开挖调整因子。

其中，F_1 可由关系式 $F_1 = (1 - \sin A)^2$ 求得，A 为不连续面倾向间的夹角；F_2 可以由关系式 $F_2 = \tan\beta_j$ 求得，β_j 指不连续面倾角值；F_3 反映了不连续面倾角与坡面倾角间的关系；F_4 是通过工程实践经验获得的边坡开挖方法调整参数；坡高修正系数 ξ 可由公式 $\xi = 0.57 + 0.43 \times (H_r/H)$ 来求得，式中建议 $H_r = 80$ m，H 为边坡高度；结构面条件系数 λ 可根据结构面裂隙、节理及夹层特征来取值。通过上述各项边坡工程因子的修正，利用公式(4-1)对边坡岩体进行质量评价，计算结果如表 4-4 所示。

表 4-4 TSMR 量化值计算结果

岩层	TSMR 量化值
变粒岩	68
角闪变粒岩	60
层理状变粒岩	52
黑云角闪斜长片麻岩	50

4.3 基于广义 Hoek-Brown 准则的边坡岩体力学参数选取

4.3.1 基于广义 Hoek-Brown 准则的力学参数选取方法概述

当前岩体力学参数的确定方法主要有经验分析法、现场试验法、数值分析法、位移反分析法和不确定性分析法等，实践证明，以室内岩石力学试验为基础，综合考虑岩体中节理裂隙、尺寸效应的影响，将岩块力学参数弱化处理成岩体力学参数可满足工程需要，其中以 Hoek-Brown 强度准则为基础的估算理论是目前最完善的弱化方法之一。

Hoek-Brown 强度准则将影响岩体强度特征的复杂关系集中包含在岩石参数 m、s 及岩体效应表达两个方面，岩石参数 m、s 有相对固定的确定方法，对于岩体效应表达，初期主要采用岩体分类指标 RMR 值进行描述，近期 Hoek E. 提出用地质强度指标(GSI)取代 RMR，但 GSI 仍与岩体分类指标 RMR 相关，其受地质条件、地理环境等诸多因素影响，因此应用 Hoek-Brown 准则准确选取力学参数关键在于能否将各种影响指标合理量化。在寒区环境下，天然岩体中赋存的孔隙水、裂隙水会随温度变化产生冻融循环作用，该作用是高寒地区岩体力学性能劣化最主要的影响因素之一，也是制约寒区岩体力学参数选取的关键，在应用 Hoek-Brown 准则选取岩体力学参数时必须考虑冻融作用对 GSI 取值的影响。当前，对岩体冻融效应的研究主要集中在室内试验上，如徐光苗等（2006）通过对冻融试验后的岩样进行力学试验，研究了岩石冻融破坏机理，拟合出岩石单轴压缩强度、弹性模量与冻融循环次数间的关系。室内研究虽取得了很多有价值的成果，但如何将室内研究成果应用到寒区岩体力学参数选取并最终服务于工程实践仍是冻岩研究面临的主要问题之一。

利用 Hoek-Brown 准则能否合理选取岩体力学参数关键在于地质强度指标 GSI 能否准确确定，由于岩体结构和风化状况的描述难以定量，使得地质强度指标 GSI 取值有很大主观性，研究表明，建立岩体分类指标值同地质强度指标之间的关系可降低 GSI 取值的随意性。

4.3.2　地质强度指标 GSI 值确定

针对 GSI 值难以量化的特点，Hoek、Kaiser 和 Brown 等人建立了 GSI 值与 RMR 值之间的关系，表达式如式（4-2）所示：

$$RMR_{89} > 18, GSI = RMR_{76}$$
$$RMR_{89} > 23, GSI = RMR_{89} - 5 \tag{4-2}$$

式中，RMR_{76} 和 RMR_{89} 分别是 Bieniawski 在 1976 年和 1989 年提出的岩体质量分类系统值。

式（4-2）建立起了岩体效应同地质强度指标值之间的等效关系，相比而言，TSMR 分类法考虑了结构面、坡高、冻融等因素的影响，能更全面地概括岩体效应，寒区高边坡地质强度指标 GSI 量化值可表示如下：

$$RMR_{89} > 18, GSI = TSMR$$
$$RMR_{89} > 23, GSI = TSMR - 5 \tag{4-3}$$

利用公式（4-3）计算蒙库铁矿不同岩性的 GSI 值，结果如表 4-5 所示。

表 4-5　GSI 量化值计算结果

岩层	GSI 值
变粒岩	63
角闪变粒岩	55
层理状变粒岩	47
黑云角闪斜长片麻岩	45

4.3.3 岩体力学参数的选取

Hoek 等人给出了岩体变形模量 E 与地质强度指标 GSI 及扰动系数 D 之间的关系:

$$\begin{cases} E_m = \left(1 - \dfrac{D_e}{2}\right)\sqrt{\dfrac{\sigma_{ci}}{100}}10^{\frac{GSI-10}{40}} & (\sigma_{ci} \leqslant 100 \text{ MPa}) \\[3mm] E_m = \left(1 - \dfrac{D_e}{2}\right)10^{\frac{GSI-10}{40}} & (\sigma_{ci} > 100 \text{ MPa}) \end{cases} \quad (4\text{-}4)$$

式中,σ_{ci} 为岩块单轴抗压强度。

c、ϕ 值计算公式如下:

$$c = \frac{\sigma_{ci}\left[(1+2a)s+(1-a)m_b\sigma_{3n}\right](s+m_b\sigma_{3n})^{a-1}}{(1+a)(2+a)\sqrt{1+6am_b(s+m_b\sigma_{3n})^{a-1}/\left[(1+a)(2+a)\right]}} \quad (4\text{-}5)$$

$$\phi = \sin^{-1}\left[\frac{6am_b(s+m_b\sigma_{3n})^{a-1}}{2(1+a)(2+a)+6am_b(s+m_b\sigma_{3n})^{a-1}}\right] \quad (4\text{-}6)$$

式中,m 反映岩体的坚硬程度;s 反映岩体的破碎程度;a 为表征节理岩体的常数,其取值均与地质强度指标 GSI 相关:

$$\begin{cases} m_b = m_i \exp\left(\dfrac{GSI-100}{28-14D}\right) \\[3mm] s = \exp\left(\dfrac{GSI-100}{9-3D}\right) \\[3mm] a = \dfrac{1}{2} + \dfrac{1}{6}(e^{-GSI/15} - e^{-20/3}) \end{cases} \quad (4\text{-}7)$$

式中,D 为岩体扰动系数,反映开挖方式和应力松弛对节理岩体的扰动程度,取值范围为 0~1。由于蒙库矿区采矿方式为深孔爆破开挖,对矿区岩体扰动极大,根据研究人员给出的建议值,扰动因子 D 取 1.0。确定计算参数后,利用 Hoek-Brown 准则计算岩体力学参数,计算参数如表 4-6 所示,结果如表 4-7 所示。

表 4-6 Hoek-Brown 准则计算参数

岩性	容重(kN·m⁻³)	抗压强度(MPa)	变形模量(MPa)	m_i	GSI 值	扰动因子 D
变粒岩	27.4	134.92	20537	30	63	1.0
角闪变粒岩	27.7	125.53	17057	25	55	1.0
层理状变粒岩	26.2	120.74	18257	20	47	1.0
黑云角闪斜长片麻岩	26.3	79.18	13251	32	45	1.0

表 4-7　岩体力学参数计算结果

岩层	变形模量(MPa)	内摩擦角(°)	黏聚力(MPa)	泊松比
变粒岩岩层	2992.72	47.36	1.966	0.224
角闪变粒岩岩层	1532.16	40.85	1.452	0.231
层理状变粒岩岩层	2224.16	40.62	1.405	0.229
黑云角闪斜长片麻岩岩层	671.71	30.96	0.821	0.314

4.4　本章小结

在高寒地区,赋存于岩体裂隙中的水分会随着温度变化产生冻融循环作用,导致岩体力学性能劣化。本章在对寒区高边坡岩体质量评价分析的基础上,确定了考虑冻融影响的边坡岩体力学参数,主要结论如下:

(1)基于室内冻融循环试验得到不同冻融次数下岩石的冻融作用系数,结合矿区地质调查及岩石坚硬程度综合确定了边坡岩体冻融作用修正系数,对冻融循环作用所造成的岩体损伤实现了定量化。

(2)考虑冻融因素对边坡岩体的影响,在 CSMR 法基础上引入冻融修正系数作为影响因子,建立适用于高寒、高海拔地区边坡岩体质量评价体系 TSMR,可用于寒区露天矿山高边坡岩体质量评价中。

(3)通过构建 TSMR 量化值同地质强度指标 GSI 之间的线性关系,并以 GSI 值为基础,结合广义 Hoek-Brown 准则确定了寒区岩体力学参数选取方法。根据此方法,结合蒙库铁矿实际工程地质情况,对矿区内典型岩层(变粒岩岩层、角闪变粒岩岩层、层理状变粒岩岩层、黑云角闪斜长片麻岩岩层)岩体力学参数分别进行计算选取。其研究成果为寒区露天矿山高边坡稳定性分析及评价提供了基础。

第5章　边坡稳定性分析与坡角优化

在现场调研、室内岩石力学试验、岩体物理力学参数选取及爆破震动监测分析的基础上，本章首先基于三维数值仿真模拟分层开采过程，分析了采矿过程中北帮、南帮、端帮边坡的应力、变形的演化过程和一般规律；然后，通过高边坡不同位置典型剖面的边坡安全系数计算，获得不同区域（北部上盘、南部下盘、东端、西端）的整体安全系数和可能滑动面位置，为边坡加固提供了理论依据，为露天开采参数优化奠定了基础；最后，基于边坡整体安全系数不小于设计安全系数的这一基本原则，对露天采矿的最终边坡角优化、增采底部平台的可行性和底部陡帮开采的可行性进行了探讨，并提出了相应的优化建议，基本流程见图5-1。

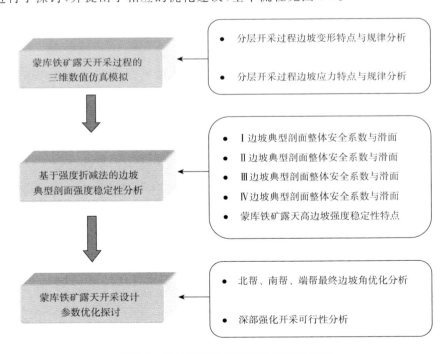

图 5-1　边坡稳定性的数值分析研究思路

5.1　基本理论

5.1.1　数值仿真计算软件 FLAC 简介

FLAC(Fast Lagrangian Analysis of Continua,连续介质快速拉格朗日分析)方法是基于 Cundall P. A. 博士提出的一种显式有限差分法。经多年开发和完善,该软件已经成为面向土木建筑、采矿、交通、水利、地质、核废料处理、石油、环境工程的通用软件,在全球 70 多个国家得到广泛应用。该程序求解过程具有以下几个特点:

(1)连续介质被离散为若干相互连接的实体单元,作用力均被等效集中作用在节点上;

(2)变量关于空间和时间的一阶导数均用有限差分来近似;

(3)采用动态松弛方法,应用质点运动方程求解,通过阻尼使系统运动衰减至平衡状态。

FLAC 方法在计算中不需通过迭代满足本构关系,只需使应力根据应力应变关系,随应变变化而变化,因此,较适合处理复杂的岩体开挖卸荷效应问题。

(1)运动方程

描述物体运动的基本方程可表达为:

$$\rho \frac{\partial \dot{u}}{\partial t} = \frac{\partial \sigma_{ij}}{\partial x_i} + \rho g_i \tag{5-1}$$

式中,$\dot{u}$——速度;ρ——物体的密度;t——时间;x_i——坐标向量的分量;g_i——重力加速度分量;σ_{ij}——应力张量分量。

FLAC 以节点为计算对象,将力和质量均集中在节点上,然后通过运动方程在时域内进行求解,节点运动方程可表示为如下形式:

$$\frac{\partial v_i^l}{\partial t} = \frac{F_i^l(t)}{m^l} \tag{5-2}$$

式中,$F_i^l(t)$ 为在 t 时刻 l 节点的在 i 方向的不平衡力分量;v_i^l 为在 t 时刻 l 节点的在 i 方向的速度,可由虚功原理导出;m^l 为 l 节点的集中质量,在分析静态问题时,采用虚拟质量以保证数值稳定,而在分析动态问题时则采用实际的集中质量。

将上式左端用中心差分来近似,则可得到:

$$v_i^l\left(t+\frac{\Delta t}{2}\right) = v_i^l\left(t-\frac{\Delta t}{2}\right) + \frac{F_i^l(t)}{m^l}\Delta t \tag{5-3}$$

式中，v_i^l 为在 t 时刻 l 节点的在 i 方向的速度，$F_i^l(t)$ 为在 t 时刻 l 节点的在 i 方向的不平衡力分量，Δt 为时间差分增量。

（2）本构方程

应变速率与速度变量关系可写成：

$$\dot{e}_{ij} = \left[\frac{\partial \dot{u}_i}{\partial x_j} + \frac{\partial \dot{u}_j}{\partial x_i}\right] \tag{5-4}$$

式中，$\dot{e}_{ij}$ 为应变速率分量，$\dot{u}_i$ 为速度分量。

本构关系有如下形式：

$$\sigma_{ij} = M(\sigma_{ij}, \dot{e}_{ij}, k) \tag{5-5}$$

式中，k 为时间历史参数，M 为本构方程形式。

（3）边界条件

在 FLAC 程序中，对于固体来说，存在应力边界条件或位移边界条件。在给定的网格点上，位移用速度表示。对于应力边界条件而言，可由以下公式求出：

$$F_i = \sigma_{ij}^b n_i \Delta s \tag{5-6}$$

式中，n_i 为边界段外法线方向单位矢量，Δs 为应力 σ_{ij}^b 作用的边界段的长度。

对于特定的网格节点，力 F_i 被加到相应网格点外力和之中。

（4）应变、应力及节点不平衡力

FLAC³D 由速率来求某一时步的单元应变增量，如下式：

$$\Delta e_{ij} = \frac{1}{2}(v_{i,j} + v_{j,i})\Delta t \tag{5-7}$$

根据式（5-7）求得应变增量，再代入式（5-5）可求出应变增量，各时步的应力增量叠加即可求出总应力。

（5）阻尼力

对于静态问题，在式（5-1）的不平衡力中加入了非黏性阻尼，以使系统的振动逐渐衰减至平衡状态（即不平衡力接近于零）。此时，式（5-2）变为：

$$\frac{\partial v_i^l}{\partial t} = \frac{F_i^l(t) + f_i^l(t)}{m^l} \tag{5-8}$$

阻尼力为：

$$f_i^l(t) = -\alpha \,|\, F_i^l(t) \,|\, sign(v_i^l) \tag{5-9}$$

式中，α 为阻尼系数。

$$sign(y) = \begin{cases} 1 & (y > 0) \\ -1 & (y < 0) \\ 0 & (y = 0) \end{cases} \qquad (5\text{-}10)$$

（6）计算流程

在 FLAC³ᴰ 软件中，程序采用循环计算，其计算流程如图 5-2 所示。

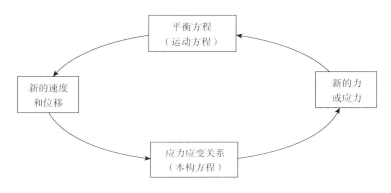

图 5-2 FLAC 方法计算流程

由以上原理可以看出，无论是动力问题还是静力问题，FLAC³ᴰ 程序均由运动方程用显式方法进行求解，这使得它非常适合模拟岩体工程中开挖或支护作用下岩体响应等问题。对显式方法来说，非线性本构关系与线性本构关系并无算法上的差别，对于已知的应变增量，可以很方便地求出应力增量，并得到不平衡力，这就同实际物理过程一样，可以跟踪系统的演化过程。在计算过程中，程序可以随意中断与进行，可以随意改变计算参数和边界条件，因此，该软件较适合研究理想露天深坑采矿这样的复杂的非线性岩体开挖卸荷效应的问题。

5.1.2 计算边坡安全系数基本原理

5.1.2.1 强度折减法的基本原理及其安全系数定义

所谓强度折减，就是在理想弹塑性有限元（或有限差分）计算中将边坡岩土体抗剪切强度参数（内聚力和内摩擦角）逐渐降低直到其达到极限破坏状态为止，此时程序可以自动根据其弹塑性数值软件计算结果得到边坡的破坏滑动面，同时得到边坡的强度储备安全系数 ω，如图 5-3 所示，滑动面为一塑性应变剪切带，在塑性应变和位移突变的地方。

强度折减安全系数表示为：$\omega = \dfrac{\tau}{\tau'}$

式中,τ 为岩土体材料的初始抗剪强度,τ' 为折减后使坡体达到极限状态时的抗剪强度。

强度折减法中可以采用不同的强度屈服准则,这里的强度 τ 因采用的强度屈服准则不同而有不同的表达形式,对于摩尔—库仑准则(图 5-4):

$$\tau = c + \sigma \tan\varphi \tag{5-11}$$

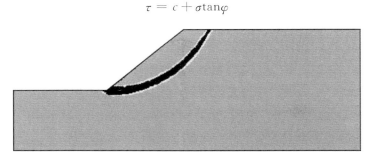

图 5-3　基于强度折减法得到的均质土坡滑动面

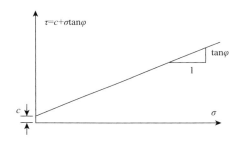

图 5-4　摩尔—库仑屈服条件

其强度折减过程如下:

$$\tau' = \frac{\tau}{\omega} = \frac{c + \sigma\tan\varphi}{\omega} = \frac{c}{\omega} + \sigma\frac{\tan\varphi}{\omega} = c' + \sigma\tan\varphi' \tag{5-12}$$

所以有:

$$c' = \frac{c}{\omega}, \quad \tan\varphi' = \frac{\tan\varphi}{\omega} \tag{5-13}$$

此强度折减形式与边坡稳定分析的传统极限平衡条分法安全系数定义形式是一致的。传统边坡稳定分析的极限平衡方法事先假定一滑动面,根据力(矩)的平衡来计算安全系数,将稳定安全系数定义为滑动面的抗滑力(矩)与下滑力(矩)之比:

$$\omega = \frac{\int \tau \, dl}{\int \tau_s \, dl} = \frac{\int_0^l (c + \sigma\tan\varphi) \, dl}{\int_0^l \tau_s \, dl} \tag{5-14}$$

式中,ω 为安全系数,τ 为滑动面上各点的抗剪强度,τ_s 为滑动面上各点的实际剪应力。

将上式两边同除以 ω,上式变为:

$$1 = \frac{\int_0^l \left(\dfrac{c}{\omega} + \sigma \dfrac{\tan\varphi}{\omega}\right) \mathrm{d}l}{\int_0^l \tau_s \mathrm{d}l} = \frac{\int_0^l (c' + \sigma \tan\varphi') \mathrm{d}l}{\int_0^l \tau_s \mathrm{d}l} \tag{5-15}$$

式中,$c' = \dfrac{c}{\omega}$,$\tan\varphi' = \dfrac{\tan\varphi}{\omega}$。

可见,传统的极限平衡方法是将土体的抗剪强度指标 c 和 $\tan\varphi$ 减少为 $\dfrac{c}{\omega}$ 和 $\dfrac{\tan\varphi}{\omega}$,使边坡达到极限状态(安全系数等于 1),此时的 ω 称为安全系数,实际上就是强度折减系数。

5.1.2.2 强度折减法求边坡安全系数的优点

基于数值软件计算的强度折减方法在理论体系上更为严格,它全面满足了静力许可、应变相容以及土体的非线性应力—应变关系,和传统极限平衡方法相比,强度折减法分析边坡稳定性具有下列优点:

(1)求解安全系数时,不需要假定滑移面的位置和形状,也无须进行条分,而是由程序根据弹塑性有限元(或有限差分)计算自动求出破坏滑动面,滑动破坏"自然地"发生在岩土体抗剪强度不能承受其受到的剪切应力的地带,滑面位置在塑性应变和位移突变的地方。

(2)可以采用不同的强度准则(比如 Mohr-Coulomb,Drucker-Prager,Hoek-Brown 等)进行分析,而传统极限平衡方法只是限制于 Mohr-Coulomb 强度准则。

(3)能够考虑开挖施工过程对边坡稳定性的影响,能够模拟土体与各种支挡结构的共同作用,不需要假定岩土侧压力的分布形式,可以根据岩土介质与支挡结构的共同作用计算各种支挡结构的内力。

(4)因为是采用数值分析方法,能够对复杂地貌、地质的边坡进行计算,不受边坡几何形状以及材料的不均匀性限制。

(5)能够模拟边坡的渐进破坏过程,提供了应力、应变的全部信息等。因此,基于强度折减原理计算安全系数的方法可以利用国际上通用程序的强大功能,把计算结果准确、清晰地表达出来,既实用又方便,十分适合诸如蒙库铁矿的露天复杂高边坡的稳定性研究。

(6)对于数值计算中一些难以有效考虑的外界因素,如现场地质构造、岩性、岩体结构类型、节理裂隙分布、地下水特性、爆破震动、高寒地区冻融等因素,可以通过设计(允许)安全系数的设计间接考虑,具有较大的灵活性。

5.2 蒙库铁矿露天开挖过程的三维数值仿真分析

随着蒙库铁矿露天分层向下开采进行,高边坡逐渐形成,其边坡的稳定性问题也逐渐突出。同时,露天开挖扰动改变了边坡岩体原始的应力状态,岩体的应力场、围岩场、松动范围等都表现出显著的时空演化特点。因此,本节基于连续介质力学理论,采用 FLAC³ᴰ数值计算软件,模拟蒙库铁矿露天分层采矿过程,研究分层挖掘过程中边坡的应力场、位移场的一般演化过程与演化规律,评价南帮、北帮、端帮等不同区域边坡的变形稳定性,为边坡稳定性分区、采矿过程安全管理、边坡强度稳定性评价、边坡安全监测设计、露天开采设计参数优化等提供参考依据。

5.2.1 蒙库铁矿三维数值模拟计算区域与模型

5.2.1.1 三维仿真计算区域

三维计算模型的坐标原点选在矿体区域内,计算模型坐标$(X-O-Y)$的坐标原点位于矿场 938 平台内,在大地坐标$(X_{地}-O-Y_{地})$的位置为:$X_0=649000$,$Y_0=68600$,Z_0为海平面。沿 X 轴和 Y 轴的计算范围分别为 2200 m($-700\sim$ 1500 m)和 1250 m($-600\sim650$ m),竖直方向从海拔 600 m 到地表(EL1200$\sim$ 1300 m)。三个坐标的方位分别为:X 轴 S116.3°E,Y 轴 N26.3°E,Z 轴与大地坐标重合,其区域位置如图 5-5 所示。

在此范围提取地表高程如图 5-6 所示,建立几何模型如图 5-7 所示。模型从地表至 EL600 m,包含>1140、1130$\sim$1140、1110$\sim$1130、1090$\sim$1110、1070$\sim$ 1190、1046$\sim$1170、1022$\sim$1146、998$\sim$1022、974$\sim$998、950$\sim$974、938$\sim$950、914$\sim$ 938 共 12 层(图 5-8、5-9)。同时,计算模型中对一些斜坡道、出入沟、开段沟等进行了适当简化。

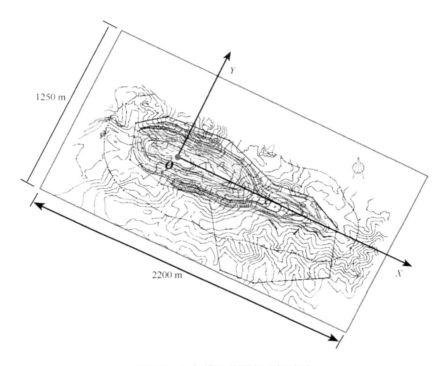

图 5-5   几何模型范围与坐标关系

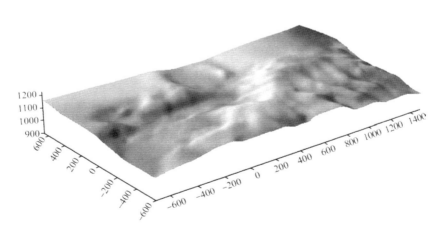

图 5-6   模型中初始地表起伏(Z 向放大比例)

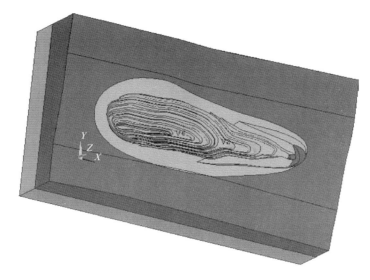

图 5-7　三维数值计算几何模型

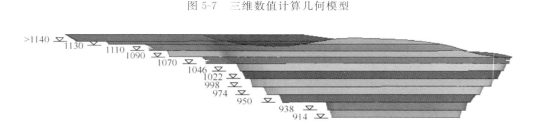

图 5-8　开挖矿体分层实体模型

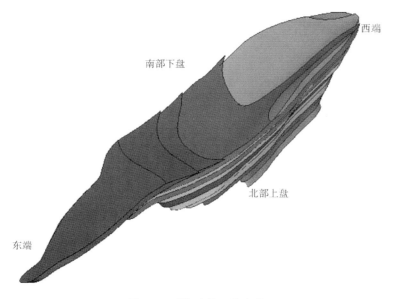

图 5-9　开挖矿体三维实体

5.2.1.2 三维网络模型

在三维实体模型基础上,依据关键位置网格趋于精细、远方边界位置网格趋于粗大的原则,将整个计算区域划分为 50.45 万单元,8.8 万节点(图 5-10、图 5-11)。

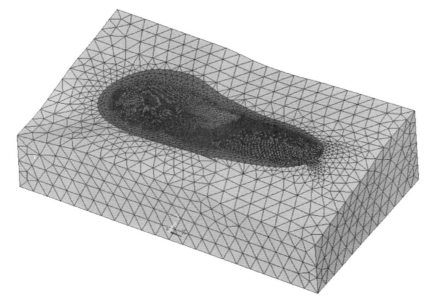

图 5-10 三维数值仿真开挖计算网格模型

(a)开挖矿体分层网格模型   (b)开挖矿体俯视图

图 5-11 开挖矿体三维网格模型

5.2.1.3 岩体本构模型

数值计算中假想工程区域的边界是逐渐施加上去的,在岩体变形的初始阶段,每个岩体微元将处于弹性状态,弹性状态的界限称为屈服条件。当岩体微元的应力状态达到该界限时,进一步加载就可能使岩体微元产生不可恢复的塑性变形。因此,本次进行蒙库铁矿露天高边坡稳定性研究采用的岩体本构模型为理想弹塑性模型。蒙库铁矿露天分层开采过程中,边坡岩体经历了不同程度的卸荷过程,此过程伴随着岩体发生不同程度的弹塑性变形,在该过程中,岩体可能出现剪切和张拉破坏,故在蒙库铁矿高边坡岩体力学行为分析时,按弹塑性模型进行模拟,采用摩尔—库仑准则(Mohr-Coulomb 屈服准则)与拉破坏准则结合的复合准则进行屈服破坏判断。摩尔—库仑准则在主应力空间的描述见图 5-12,复合准则在(σ_1,σ_3)平面上的描述见图 5-13,A 到 B 点为摩尔—库仑准则 $f^s=0$,其中 f^s 可表示为下式:

$$f^s = \sigma_1 - \sigma_3 N_\phi + 2c\sqrt{N_\phi} \tag{5-16}$$

式中,ϕ 为内摩擦角,c 为黏聚力,$N_\phi = \dfrac{1+\sin\phi}{1-\sin\phi}$。

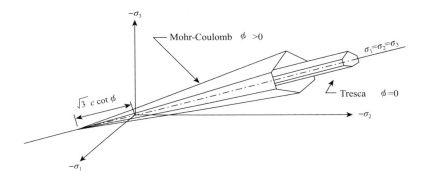

图 5-12　主应力空间的 Mohr-Coulomb 屈服准则

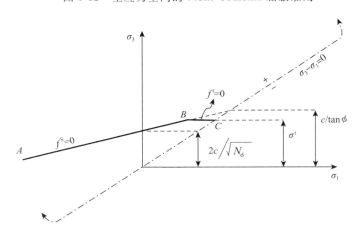

图 5-13　FLAC^{3D}中的 Mohr-Coulomb 屈服准则

图 5-13 中的 B 到 C 为拉破坏准则 $f^t=0$,其中 f^t 可以表示为下式:

$$f^t = \sigma_3 - \sigma^t \tag{5-17}$$

式中,σ_t 为抗拉强度,其最大值 $\sigma^t_{\max} = \dfrac{c}{\tan\phi}$。

塑性势函数分别由剪切塑性流动函数 g^s 和张拉塑性流动函数 g^t 表示,它们分别表示如下:

$$g^s = \sigma_1 - \sigma_3 N_\psi \tag{5-18}$$

式中,ψ 为剪胀角,$N_\psi = \dfrac{1 + \sin\psi}{1 - \sin\psi}$。

$$g^t = \sigma_3 \tag{5-19}$$

综合矿区边坡岩性特点,数值仿真计算中共考虑了分布较广泛的变粒岩岩组、黑云角闪斜长片麻岩岩组、磁铁矿石岩组、断层及破碎带岩组、第四系及风化带岩组,其力学参数参见前章。

5.2.2　分层开挖过程简述

在边坡稳定性分析中,为深入研究分层采矿过程中变形、应力等力学状态的变化过程与规律,分析时针对蒙库露天高边坡的特征,首先依据《蒙库铁矿初步设计说明书》和"八一钢铁集团有限责任公司蒙库铁矿初步设计露天终了境界图"在边坡的典型位置设置了三个分析剖面,分别是 $A-A$、$B-B$、$C-C$,如图 5-14 所示,重点分析开采过程中这几个典型剖面边坡力学状态的变化,然后评述了分层开挖过程中边坡的力学响应过程。由于开挖台阶较多,为了简化起见,仅列出开采到 1070 平台、开采到 1022 平台、开采到 974 平台、开采到 938 平台共四个阶段的边坡岩体力学状态特点,而对其他的开采过程中边坡仅作了一般性的概括说明。

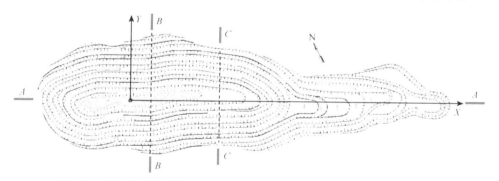

图 5-14　蒙库铁矿高边坡三维稳定性计算的分析剖面和观察点位置示意图

5.2.3　现状 1070 平台边坡岩体力学状态分析

矿山目前已形成从地表往下开采到 EL1070 m 后形成多个开采平台。因此,在研究后续开采过程中边坡的稳定性,首先需要分析目前蒙库露台边坡的力学现状,获得该边坡的位移场、应力场等分布规律,为进一步采矿展开设计,对矿场后续开采的边坡稳定性评价奠定基础。

通过数值仿真分层开采模拟计算,获得现场蒙库边坡的变形场和应力场空间分布特点,结合 $A-A$、$B-B$、$C-C$ 三个典型剖面分析表明(图 5-15～图 5-34):

(1)从变形的空间分布来看,当开采到 1070 平台后,露天采场北帮边坡地表变形约 15 mm;南帮边坡地表变形 12～18 mm,且南帮测线 110～112 段边坡地表变形相对较大,最大达 18.6 mm;受南帮和北帮夹制作用,西端边坡地表变形约 6 mm,东端边坡地表变形 6～9 mm;在边坡封闭圈 1110 平台内,测线 124～126 区域的内突部位的边坡岩体变形 35～40 mm,是整个露天边坡变形最大的部位;矿场 EL1070 底板变形主要以回弹为主。

(2)从应力的空间分布来看,当开采到 1070 平台后,边坡岩体都发生了不同程度的应力松弛;受地表地形的影响,东西两端边坡地表应力松弛相对较明显,另外南帮和北帮边坡突出的安全平台应力松弛也较明显;但总体而言,除局部区域出现小范围的 0.1 MPa 的拉应力外(本章应力符合遵守弹性力学符号规定,拉应力为正,压应力为负,下同),整个边坡岩体都以压应力为主;由于卸荷作用,露天采场地板出现最大约 0.2 MPa 的拉应力。

(3)在 $A-A$ 剖面,当边坡分层开采到 1070 平台后,边坡变形体现的一个共同规律是上部台阶变形相对较小,下部台阶变形相对较大,其中东端边坡上部变形最大为 8～9 mm,下部 1070 平台最大变形为 36～40 mm,西端变形为 6～8 mm;从剖面二次应力分布来看,露天开挖扰动明显改变了岩体原始应力场,使得边坡表层岩体受边坡形状影响而呈现出水平的起伏,且一般表现为边坡突出的台阶临空面应力松弛明显,局部出现 0.1 MPa 的拉应力,而边坡脚位置出现相对的应力集中(0.5 MPa 左右)。

(4)在 $B-B$ 剖面,当边坡分层开采到 1070 平台后,边坡变形上部台阶变形相对较小,下部台阶变形相当较大,其中南帮边坡上部变形最大为 13～15 mm,下部 1070 平台最大变形约 20 mm;北帮边坡上部最大变形 14～16 mm,下部 1070 平台最大变形 21～23 mm;地板回弹变形约 26 mm;从剖面二次应力分布来看,边坡表层岩体受边坡形状影响而出现应力水平的起伏,且一般表现为边坡突出的台阶临空面应力松弛明显,但未出现明显的拉应力区,而边坡脚位置出现相对的应力集中(-0.8 MPa 左右);另外,1070 平台底板出现约 0.1 MPa 的拉应力。

(5)在 $C-C$ 剖面,当边坡分层开采到 1070 平台后,边坡变形上部台阶变形相对较小,下部台阶变形相对较大,其中南帮边坡上部变形最大约 20 mm,下部 1070 平台最大变形 28～30 mm;北帮边坡上部最大变形 18～20 mm,下部 1070 平台最大变形 22～24 mm;地板回弹变形约 36 mm;从剖面二次应力分布来看,边坡表层岩体受边坡形状影响而出现水平的起伏,且一般表现为边坡突出的台阶临空面应力松弛明显,除北帮最上部一个台阶出现一定的拉应力外,边坡其他区域未出现拉应力区;开挖后,1070 边坡脚位置出现相对的应力集中(-1 MPa 左右);另外,1070 地板出现约 0.1 MPa 的拉应力。

图 5-15　蒙库铁矿开采到 1070 平台后边坡岩体变形场空间分布

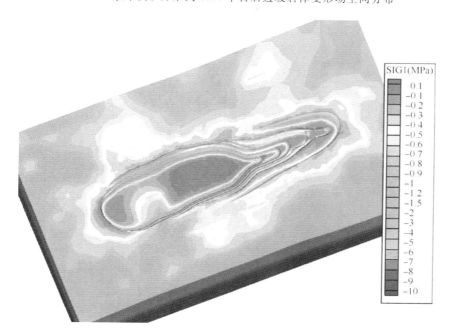

图 5-16　蒙库铁矿开采到 1070 平台后边坡岩体最大主应力空间分布

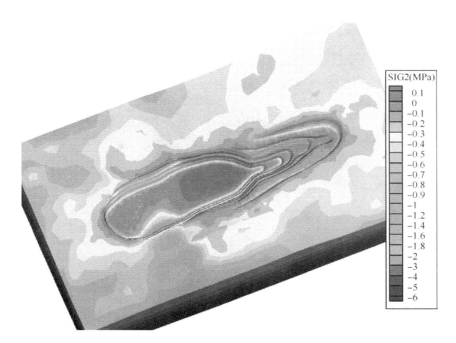

图 5-17　蒙库铁矿开采到 1070 平台后边坡岩体中间主应力空间分布

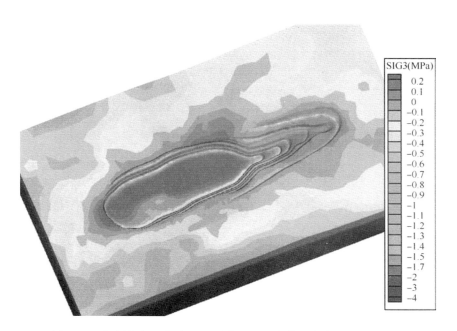

图 5-18　蒙库铁矿开采到 1070 平台后边坡岩体最小主应力空间分布

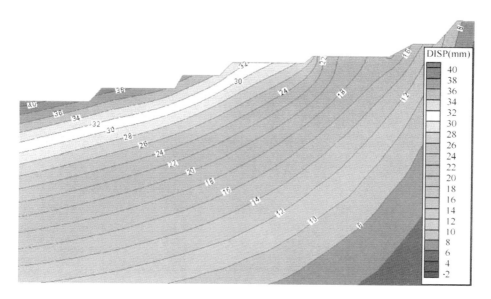

图 5-19　蒙库铁矿开采到 1070 平台后 $A-A$ 剖面东端边坡岩体变形等色图①

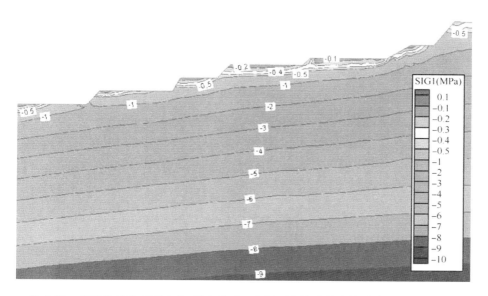

图 5-20　蒙库铁矿开采到 1070 平台后 $A-A$ 剖面东端边坡岩体最大主应力等色图

① 由于剖面并非严格垂直边坡面,故剖面上的边坡平台宽度和阶段边坡角非严格的设计值,下同。

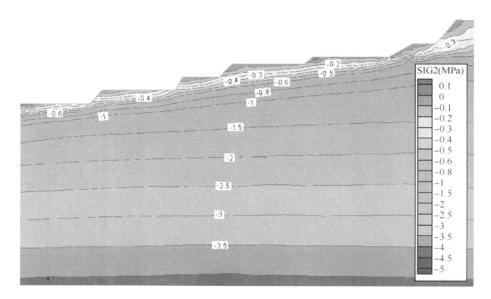

图 5-21　蒙库铁矿开采到 1070 平台后 A－A 剖面东端边坡岩体中间主应力等色图

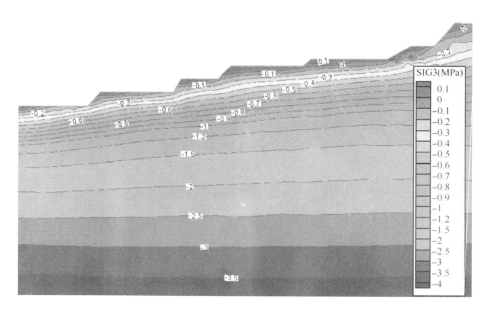

图 5-22　蒙库铁矿开采到 1070 平台后 A－A 剖面东端边坡岩体最小主应力等色图

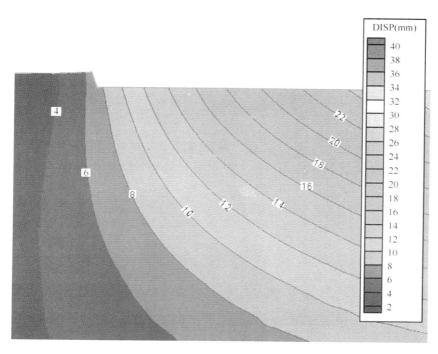

图 5-23　蒙库铁矿开采到 1070 平台后 $A-A$ 剖面西端边坡岩体位移等色图

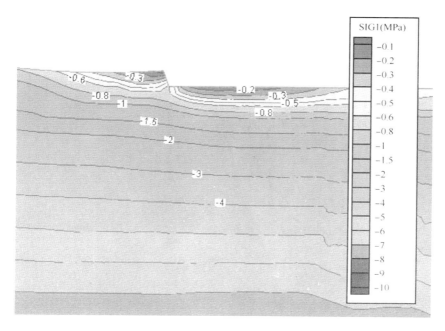

图 5-24　蒙库铁矿开采到 1070 平台后 $A-A$ 剖面西端边坡岩体最大主应力等色图

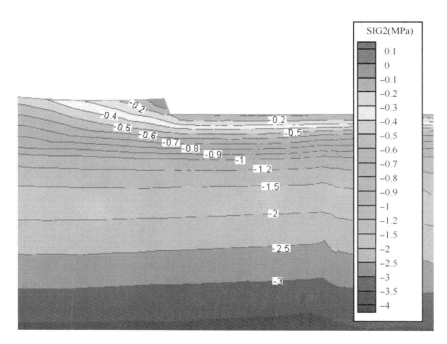

图 5-25 蒙库铁矿开采到 1070 平台后 $A-A$ 剖面西端边坡岩体中间主应力等色图

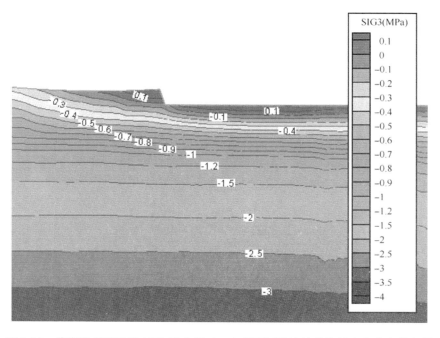

图 5-26 蒙库铁矿开采到 1070 平台后 $A-A$ 剖面西端边坡岩体最小主应力等色图

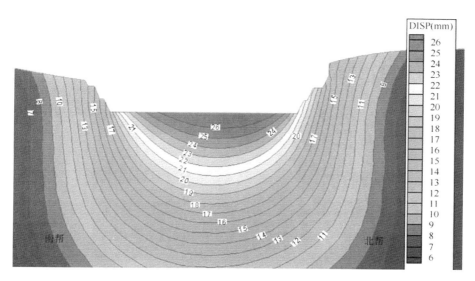

图 5-27　蒙库铁矿开采到 1070 平台后 $B-B$ 剖面边坡岩体位移等色图

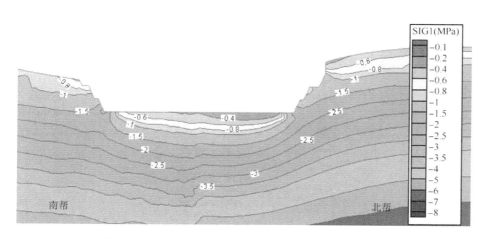

图 5-28　蒙库铁矿开采到 1070 平台后 $B-B$ 剖面边坡岩体最大主应力等色图

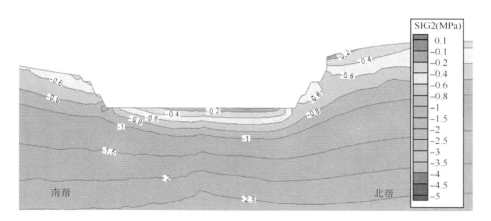

图 5-29　蒙库铁矿开采到 1070 平台后 $B-B$ 剖面边坡岩体中间主应力等色图

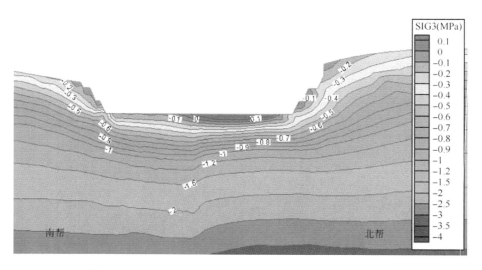

图 5-30　蒙库铁矿开采到 1070 平台后 $B-B$ 剖面边坡岩体最小主应力等色图

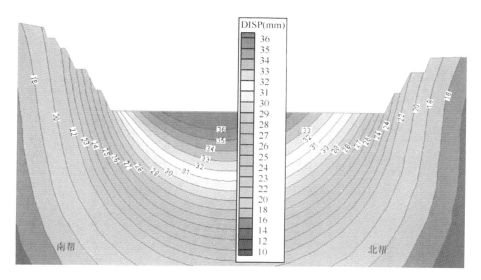

图 5-31　蒙库铁矿开采到 1070 平台后 C—C 剖面边坡岩体位移等色图

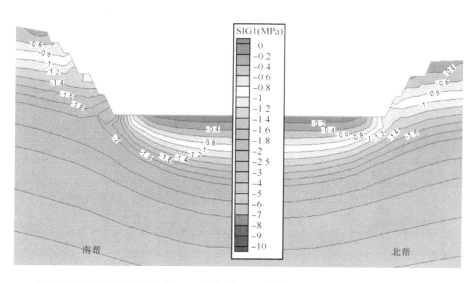

图 5-32　蒙库铁矿开采到 1070 平台后 C—C 剖面边坡岩体最大主应力等色图

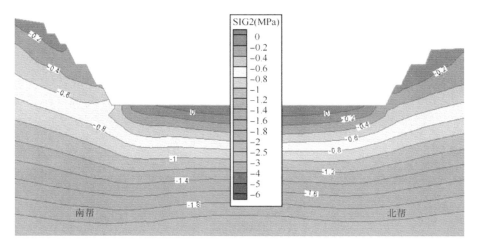

图 5-33　蒙库铁矿开采到 1070 平台后 $C-C$ 剖面边坡岩体中间主应力等色图

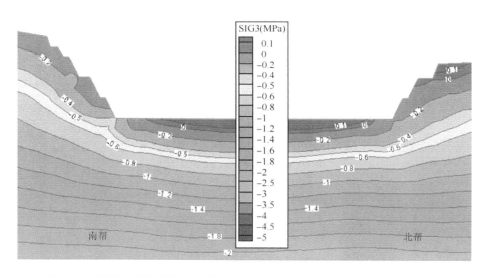

图 5-34　蒙库铁矿开采到 1070 平台后 $C-C$ 剖面边坡岩体最小主应力等色图

5.2.4　开采到 1022 平台边坡岩体力学状态分析

　　蒙库铁矿后续采矿将主要是自 1070 平台分台阶往下开采,而边坡稳定性问题也是随着开采深度的增加而变得越来越突出。因此,蒙库铁矿三维数值仿真计算的重点也主要集中在 1070 平台后的采掘过程的模拟分析,即将露天采矿过程简化为按 12 m 一个台阶逐层向下开采,且并阶成 24 m 一个台阶。但由于开挖台阶较大,计算虽然跟踪了整个分台阶开采过程,但计算中仅重点给出关键性位置,如开采到 1022 平台、974 平台、938 平台的边坡变形场、应力场等,而对其他平台开采过程中边坡的力学响应仅做一般性阐述。

三维数值仿真开采模拟分析时,不考虑边坡 1070 平台开采以前的变形,而是自 1070 平台往下开采过程的边坡变形、应力等的响应过程。计算结果表明蒙库边坡的变形场和应力场具有典型的空间与时间分布特点,结合 $A-A$、$B-B$、$C-C$ 三个典型剖面,具体分析如下(图 5-35~图 5-54)。

(1)从变形的空间分布来看,当开采到 1022 平台后,露天采场北帮边坡地表变形 7~9 mm;南帮边坡地表变形 6~9 mm,且南帮测线 110~112 段边坡地表变形相对较大,最大达 9.5 mm;受南帮和北帮夹制作用,西端边坡地表变形约 7 mm,东端边坡地表变形 6~7 mm;在边坡封闭圈 1110 平台内,测线 124~126 区域的内突部位的边坡岩体变形约 7 mm;矿场 EL1070 底板变形主要以回弹为主。

(2)从应力的空间分布来看,当开采到 1022 平台后,边坡表层岩体都发生了不同程度的应力松弛;东西两端边坡地表、南帮和北帮边坡突出的安全平台等应力松弛相对较明显;但总的来看,除局部区域出现小范围的 0.1 MPa 的拉应力外,整个边坡岩体都以压应力为主;由于卸荷作用,露天采场 1022 底板出现最大约 0.2 MPa 的拉应力。

(3)在 $A-A$ 剖面,当边坡分层开采到 1022 平台后,边坡变形体现的一个共同规律是上部台阶变形相对较小,下部台阶变形相对较大;其中东端边坡 1070 平台变形 5~7 mm,下部 1022 平台变形 10~12 mm;西端边坡 1070 平台变形约 8 mm,下部 1022 平台变形约 12 mm;从剖面二次应力分布来看,露天开挖扰动明显改变了岩体原始应力场,使得边坡表层岩体受边坡形状影响而出现应力水平的起伏,且一般表现为边坡突出的台阶临空面应力松弛相对较明显,而边坡脚位置出现相对的应力集中(-2 MPa 左右);当开采到 1022 平台后,东端边坡基本为压应力区,而西端地表出现小范围的拉应力,最大约 0.1 MPa。

(4)在 $B-B$ 剖面,当边坡分层开采到 1022 平台后,南帮边坡 1070 平台变形 11~13 mm,下部 1022 平台变形约 18 mm;北帮边坡 1070 平台变形 12~14 mm,下部 1022 平台变形 18~20 mm;底板回弹变形约 26 mm;从剖面二次应力分布来看,边坡突出的台阶临空面应力松弛相对较明显,但自 1070 至 1022 平台间,岩体未出现明显的拉应力区,而边坡脚位置出现相对的应力集中(-2.5~-3 MPa)。

(5)在 $C-C$ 剖面,当边坡分层开采到 1022 平台后,南帮边坡 1070 平台变形约 10 mm,下部 1022 平台变形 14~15 mm;北帮边坡上部变形 10~12 mm,下部 1022 平台最大变形 15~17 mm;底板回弹变形约 22 mm;从剖面二次应力分布来看,边坡表层台阶临空面岩体应力松弛相对较明显,1070 平台变形顶部出现一定的拉应力(<0.1 MPa),而边坡墙脚出现应力集中,最大为 -2~-3 MPa。

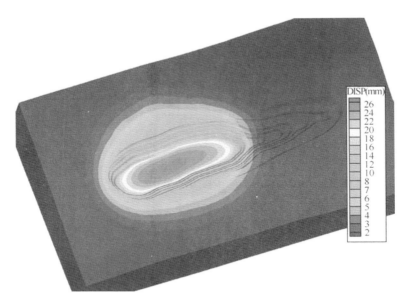

图 5-35　蒙库铁矿开采到 1022 平台后边坡岩体变形场空间分布

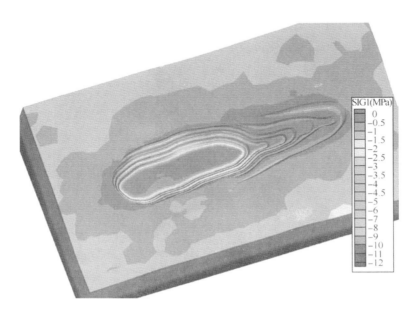

图 5-36　蒙库铁矿开采到 1022 平台后边坡岩体最大主应力空间分布

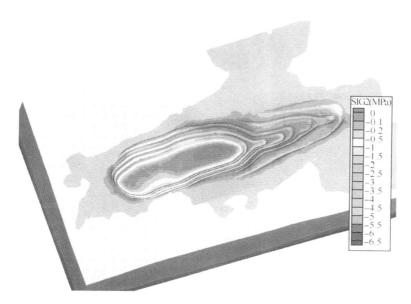

图 5-37　蒙库铁矿开采到 1022 平台后边坡岩体中间主应力空间分布

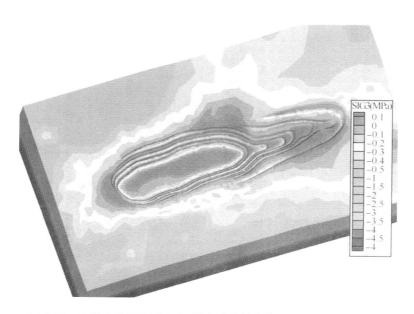

图 5-38　蒙库铁矿开采到 1022 平台后边坡岩体最小主应力空间分布

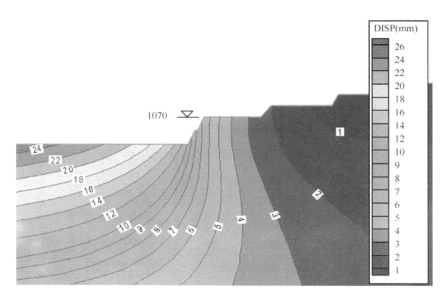

图 5-39　蒙库铁矿开采到 1022 平台后 $A-A$ 剖面东端边坡岩体位移等色图

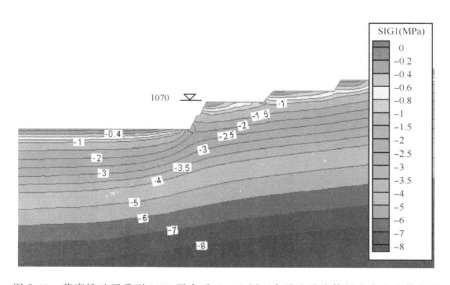

图 5-40　蒙库铁矿开采到 1022 平台后 $A-A$ 剖面东端边坡岩体最大主应力等色图

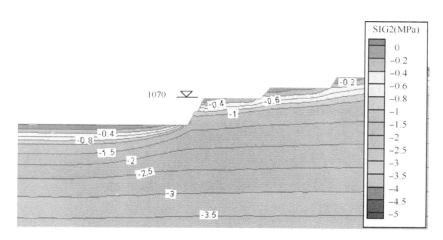

图 5-41　蒙库铁矿开采到 1022 平台后 A－A 剖面东端边坡岩体中间主应力等色图

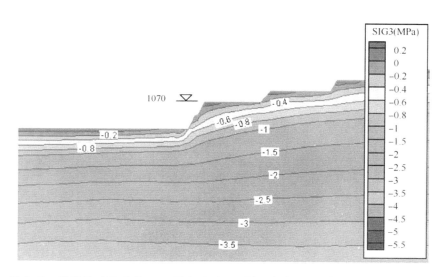

图 5-42　蒙库铁矿开采到 1022 平台后 A－A 剖面东端边坡岩体最小主应力等色图

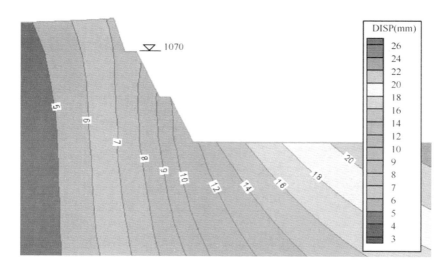

图 5-43　蒙库铁矿开采到 1022 平台后 *A*－*A* 剖面西端边坡岩体位移等色图

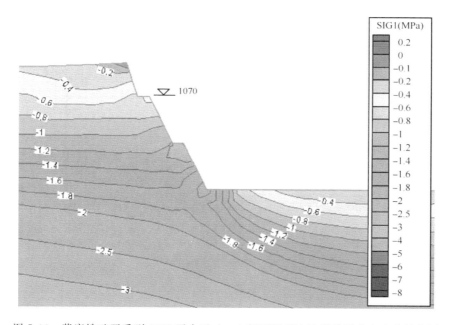

图 5-44　蒙库铁矿开采到 1022 平台后 *A*－*A* 剖面西端边坡岩体最大主应力等色图

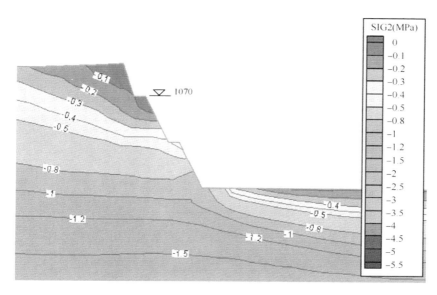

图 5-45 蒙库铁矿开采到 1022 平台后 A－A 剖面西端边坡岩体中间主应力等色图

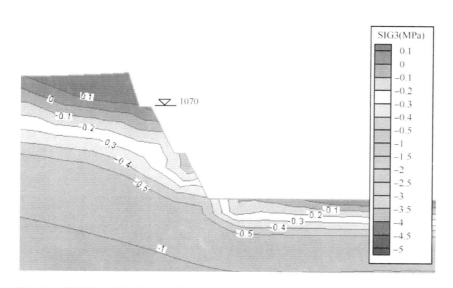

图 5-46 蒙库铁矿开采到 1022 平台后 A－A 剖面西端边坡岩体最小主应力等色图

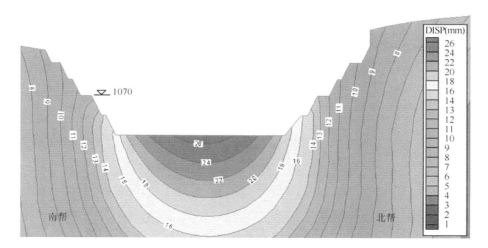

图 5-47　蒙库铁矿开采到 1022 平台后 $B-B$ 剖面边坡岩体位移等色图

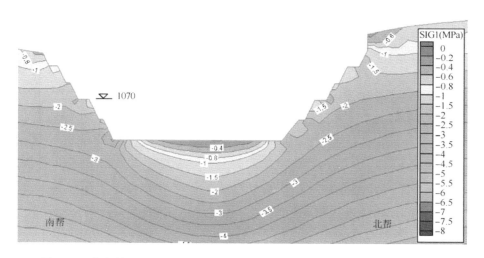

图 5-48　蒙库铁矿开采到 1022 平台后 $B-B$ 剖面边坡岩体最大主应力等色图

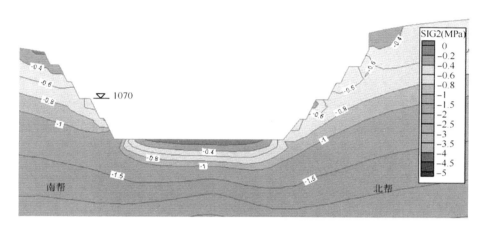

图 5-49　蒙库铁矿开采到 1022 平台后 $B-B$ 剖面边坡岩体中间主应力等色图

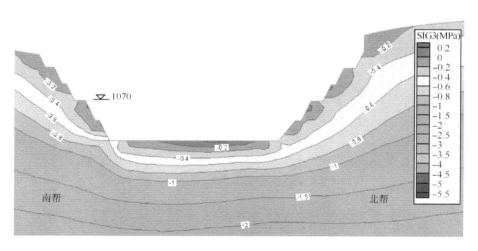

图 5-50　蒙库铁矿开采到 1022 平台后 $B-B$ 剖面边坡岩体最小主应力等色图

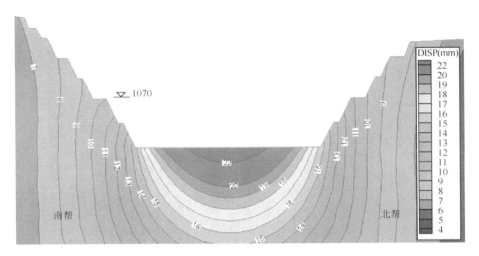

图 5-51　蒙库铁矿开采到 1022 平台后 $C-C$ 剖面边坡岩体位移等色图

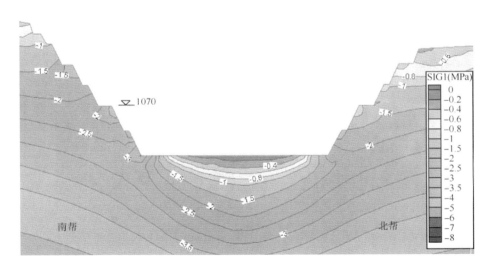

图 5-52　蒙库铁矿开采到 1022 平台后 $C-C$ 剖面边坡岩体最大主应力等色图

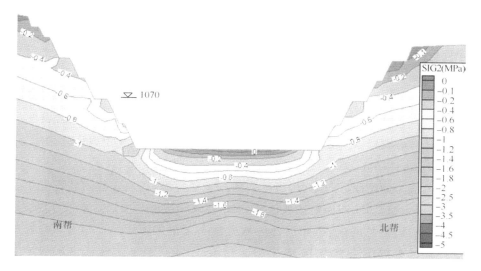

图 5-53　蒙库铁矿开采到 1022 平台后 C－C 剖面边坡岩体中间主应力等色图

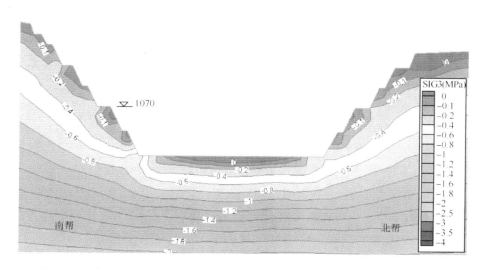

图 5-54　蒙库铁矿开采到 1022 平台后 C－C 剖面边坡岩体最小主应力等色图

5.2.5　开采到 974 平台边坡岩体力学状态分析

当蒙库铁矿露天采矿自 1022 平台向下到 974 平台时,边坡岩体力学状态发生了改变,变形和应力都进行了调整,结合 $A-A$、$B-B$、$C-C$ 三个典型剖面,具体分析如下(图 5-55～图 5-74)。

(1)从变形的空间分布来看,当开采到 974 平台后,露天采场北帮边坡地表变形 9～14 mm;南帮边坡地表变形 8～13 mm,且南帮测线 110～112 段边坡地表变形相对较大,最大达 14.3 mm;受南帮和北帮夹制作用,西端边坡地表变形约 10 mm,东端边坡地表变形约 9 mm;矿场 EL1070 底板变形主要以回弹为主,最大回弹量为 36～42 mm。

(2)从应力的空间分布来看,当开采到 974 平台后,边坡表层岩体都发生了不同程度的应力松弛;东西两端边坡地表、南帮和北帮边坡凸出的安全平台等应力松弛相对较明显;但总的来看,除局部区域出现小范围的 0.1～0.2 MPa 的拉应力外,边坡岩体都以压应力为主;由于卸荷作用,露天采场 974 底板出现了最大约 0.2 MPa 的拉应力。

(3)在 $A-A$ 剖面,当边坡分层开采到 974 平台后,边坡上部 1022 台阶变形相对较小而下部 974 台阶变形相对较大;其中东端边坡 1022 平台变形 14～16 mm,下部 974 平台变形 22～24 mm;西端边坡 1022 平台变形 16～18 mm,下部 974 平台变形 24～26 mm;从剖面二次应力分布来看,露天开采扰动改变了岩体原始应力场,使得边坡表层岩体受边坡形状影响而出现应力水平的起伏,且一般表现为边坡凸出的台阶临空面应力松弛相对较明显,而边坡坡脚位置出现相对的应力集中(-2.5 MPa 左右);当开采到 974 平台后,东端边坡基本为压应力区,而西端地表出现小范围的拉应力,最大约 0.1 MPa。

(4)在 $B-B$ 剖面,当边坡分层开采到 974 平台后,南帮边坡 1022 平台变形 24～26 mm,下部 974 平台变形约 33 mm;北帮边坡 1022 平台变形 28～30 mm,下部 974 平台变形约 34 mm;底板回弹变形约 40 mm;从剖面二次应力分布来看,边坡凸出的台阶临空面应力松弛明显,但自 1022 至 974 平台间,岩体未出现明显的拉应力区,而边坡坡脚位置出现相对的应力集中(-3 MPa 左右)。

(5)在 $C-C$ 剖面,当边坡分层开采到 974 平台后,南帮边坡 1022 平台变形 20～22 mm,下部 974 平台变形 28～30 mm;北帮边坡 1022 平台变形 22～24 mm,下部 974 平台最大变形约 30 mm;底板回弹变形约 32 mm;从剖面二次应力分布来看,边坡表层台阶临空面岩体应力松弛相对较明显,1022 平台变形顶部出现一定的拉应力(约 0.1 MPa),而边坡坡脚出现应力集中,最大为 -2～-3 MPa。

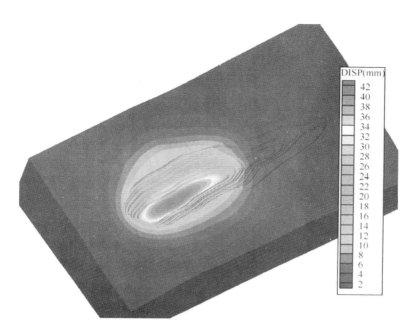

图 5-55　蒙库铁矿开采到 974 平台后边坡岩体变形场空间分布

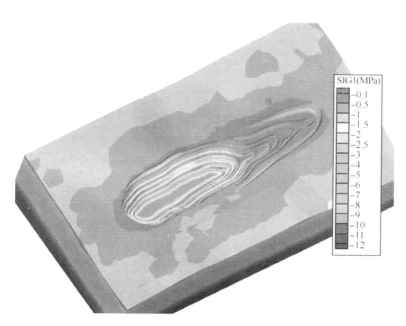

图 5-56　蒙库铁矿开采到 974 平台后边坡岩体最大主应力空间分布

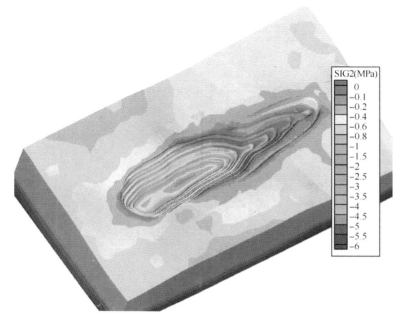

图 5-57　蒙库铁矿开采到 974 平台后边坡岩体中间主应力空间分布

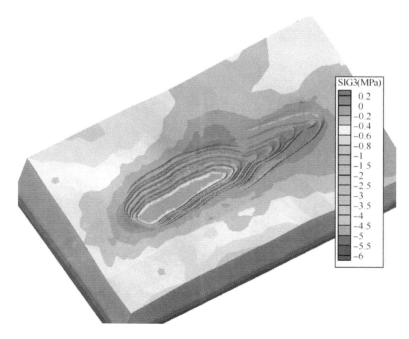

图 5-58　蒙库铁矿开采到 974 平台后边坡岩体最小主应力空间分布

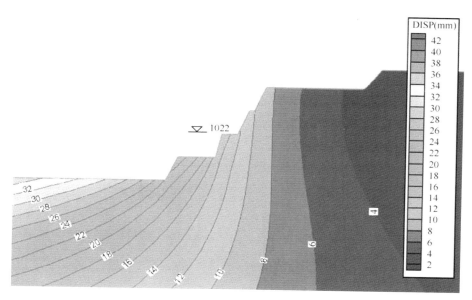

图 5-59　蒙库铁矿开采到 974 平台后 *A*－*A* 剖面东端边坡岩体变形等色图

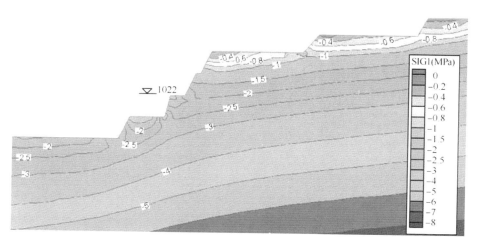

图 5-60　蒙库铁矿开采到 974 平台后 *A*－*A* 剖面东端边坡岩体最大主应力等色图

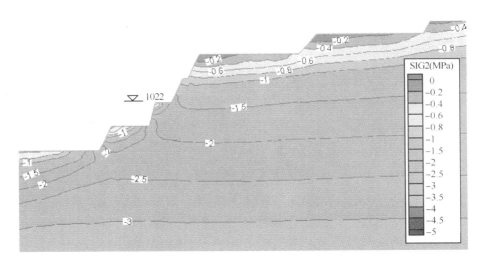

图 5-61　蒙库铁矿开采到 974 平台后 A−A 剖面东端边坡岩体中间主应力等色图

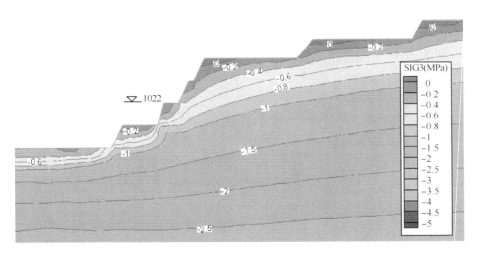

图 5-62　蒙库铁矿开采到 974 平台后 A−A 剖面东端边坡岩体最小主应力等色图

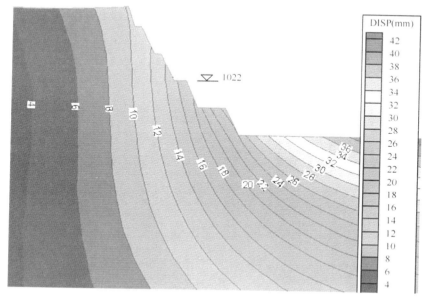

图 5-63　蒙库铁矿开采到 974 平台后 A－A 剖面西端边坡岩体变形等色图

图 5-64　蒙库铁矿开采到 974 平台后 A－A 剖面西端边坡最大主应力等色图

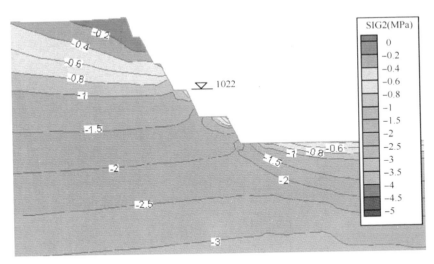

图 5-65　蒙库铁矿开采到 974 平台后 $A-A$ 剖面西端边坡岩体中间主应力等色图

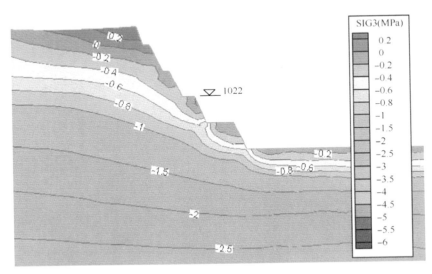

图 5-66　蒙库铁矿开采到 974 平台后 $A-A$ 剖面西端边坡岩体最小主应力等色图

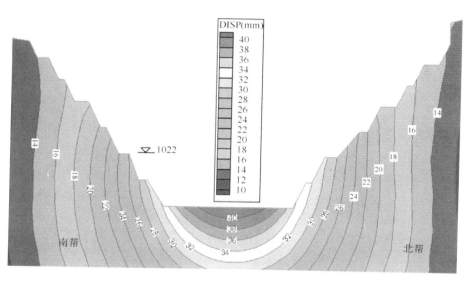

图 5-67　蒙库铁矿开采到 974 平台后 $B-B$ 剖面边坡岩体变形等色图

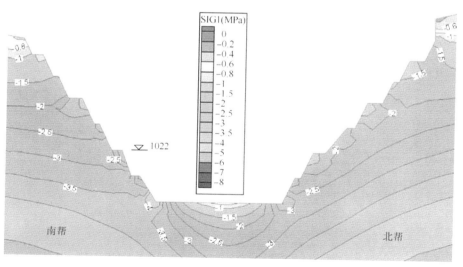

图 5-68　蒙库铁矿开采到 974 平台后 $B-B$ 剖面边坡岩体最大主应力等色图

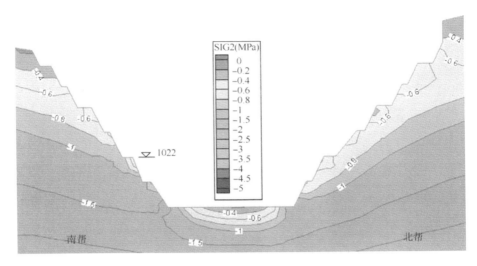

图 5-69　蒙库铁矿开采到 974 平台后 $B-B$ 剖面边坡岩体中间主应力等色图

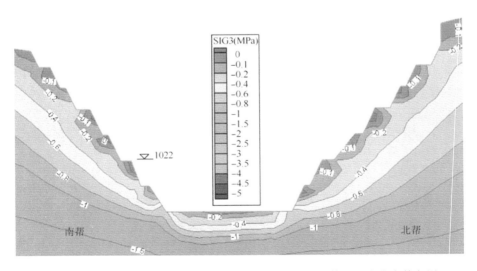

图 5-70　蒙库铁矿开采到 974 平台后 $B-B$ 剖面边坡岩体最小主应力等色图

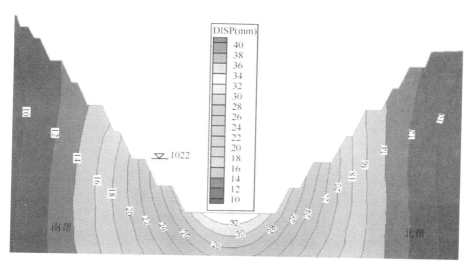

图 5-71　蒙库铁矿开采到 974 平台后 C－C 剖面边坡岩体变形等色图

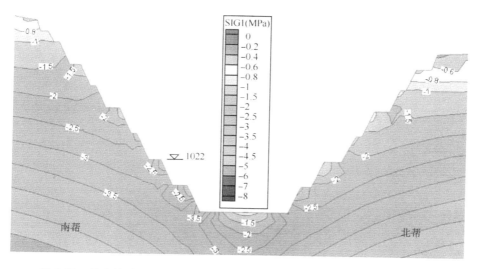

图 5-72　蒙库铁矿开采到 974 平台后 C－C 剖面边坡岩体最大主应力等色图

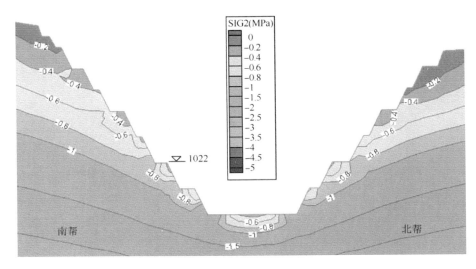

图 5-73　蒙库铁矿开采到 974 平台后 C－C 剖面边坡岩体中间主应力等色图

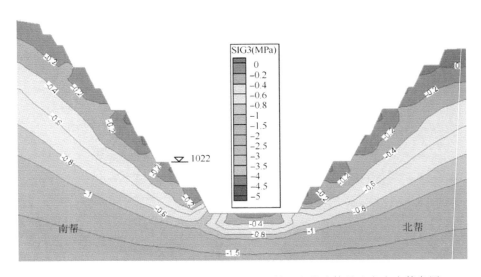

图 5-74　蒙库铁矿开采到 974 平台后 C－C 剖面边坡岩体最小主应力等色图

5.2.6　开采到 938 平台边坡岩体力学状态分析

当蒙库铁矿露天模拟采矿自 974 平台向下到 938 平台时,边坡岩体力学状态发生了改变,变形和应力都进行了较大的调整,结合 $A-A$、$B-B$、$C-C$ 三个典型剖面,具体分析如下(图 5-75～图 5-94)。

(1)从变形的空间分布来看,当开采到 938 平台后,露天采场北帮边坡地表变形约 15 mm;南帮边坡地表变形约 14 mm,且南帮测线 110～112 段边坡地表变形相对较大,最大达 14.5 mm;受南帮与北帮夹制作用,西端边坡地表变形约 10 mm,东端边坡地表变形约 9 mm,与上一台阶相比无明显变化;矿场 EL1070 底板变形主要以回弹为主,最大回弹量约 42 mm。

(2)从应力的空间分布来看,当开采到 938 平台后,边坡表层岩体都发生了不同程度的应力松弛;东西两端边坡地表、南帮和北帮边坡凸出的安全平台等应力松弛相对较明显;但总的来看,边坡台阶凸出部位仅出现小范围的 0.2 MPa 的拉应力外,其他位置均为压应力;938 底板无明显的拉应力区。

(3)在 $A-A$ 剖面,当边坡分层开采到 938 平台后,边坡上部 974 平台变形相对较小,而下部 938 平台变形相对较大;其中东端边坡 974 平台变形 26～28 mm,下部 938 平台变形 36～38 mm;西端边坡 974 平台变形 28～30 mm,下部 938 平台变形约 34 mm;从剖面二次应力分布来看,露天开挖扰动改变了岩体原始应力场,使得边坡表层岩体受边坡形状影响而出现应力水平的起伏,且一般表现为边坡凸出的平台临空面应力松弛明显,而边坡坡脚位置出现相对的应力集中(-3 MPa 左右);当开采到 938 平台后,西端边坡 974 平台至 938 平台间基本为压应力区,而东端 950 平台出现约 0.1 MPa 的拉应力。

(4)在 $B-B$ 剖面,当边坡分层开采到 938 平台后,南帮边坡 974 平台至 938 平台间岩体变形 36～38 mm;北帮边坡 974 平台至 938 平台间岩体变形 38～40 mm;底板回弹变形约 36 mm;从剖面二次应力分布来看,边坡突出的台阶临空面应力松弛相对较明显,但自 974 平台至 938 平台间,岩体未出现明显的拉应力区,而边坡坡脚位置出现相对的应力集中(-5～-6 MPa)。

(5)在 $C-C$ 剖面,当边坡分层开采到 938 平台后,南帮边坡 974 平台至 938 平台间岩体变形 28～30 mm;北帮边坡 974 平台至 938 平台间岩体变形 30～32 mm;地板回弹变形约 30 mm;从剖面二次应力分布来看,边坡表层台阶临空面岩体应力松弛相对较明显,1022 平台变形,顶部出现一定的拉应力(约 0.1 MPa),而边坡坡脚出现应力集中区,最大约 -4 MPa。

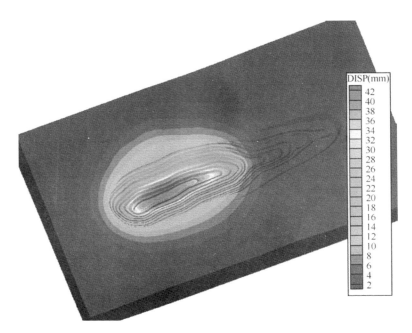

图 5-75　蒙库铁矿开采到 938 平台后边坡岩体变形场空间分布

图 5-76　蒙库铁矿开采到 938 平台后边坡岩体最大主应力空间分布

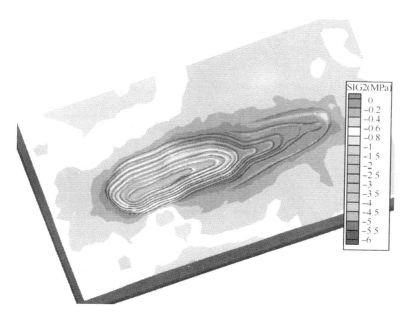

图 5-77　蒙库铁矿开采到 938 平台后边坡岩体中间主应力空间分布

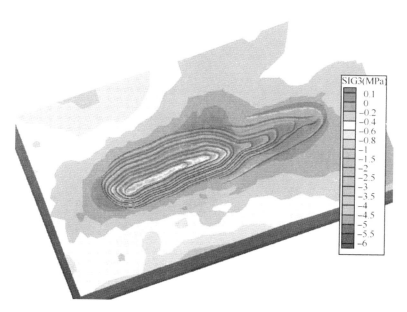

图 5-78　蒙库铁矿开采到 938 平台后边坡岩体最小主应力空间分布

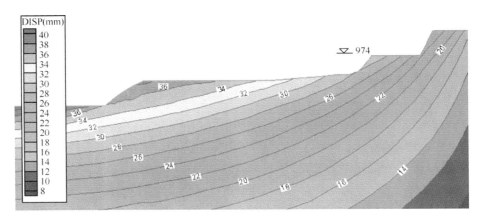

图 5-79　蒙库铁矿开采到 938 平台后 $A-A$ 剖面东端边坡岩体变形等色图

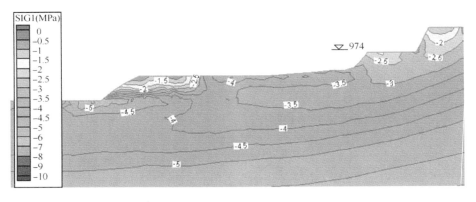

图 5-80　蒙库铁矿开采到 938 平台后 $A-A$ 剖面东端边坡岩体最大主应力等色图

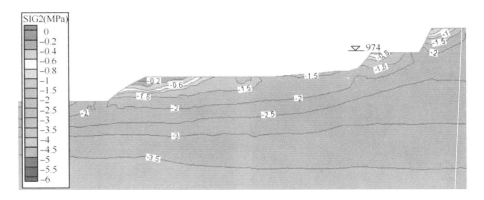

图 5-81　蒙库铁矿开采到 938 平台后 $A-A$ 剖面东端边坡岩体中间主应力等色图

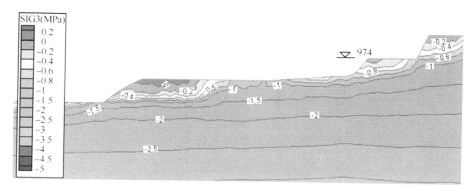

图 5-82 蒙库铁矿开采到 938 平台后 A－A 剖面东端边坡岩体最小主应力等色图

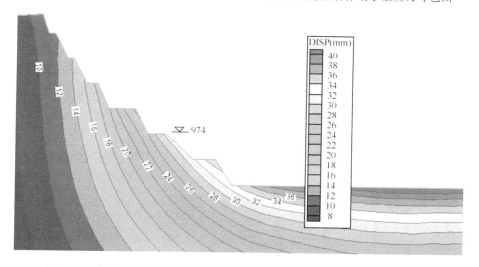

图 5-83 蒙库铁矿开采到 938 平台后 A－A 剖面西端边坡岩体变形等色图

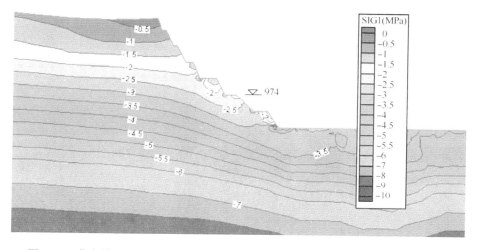

图 5-84 蒙库铁矿开采到 938 平台后 A－A 剖面西端边坡岩体最大主应力等色图

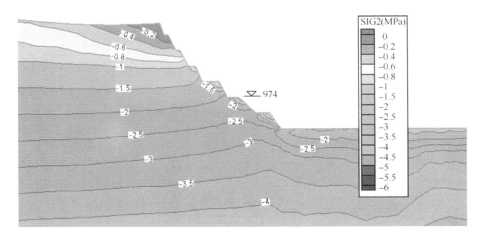

图 5-85 蒙库铁矿开采到 938 平台后 $A-A$ 剖面西端边坡岩体中间主应力等色图

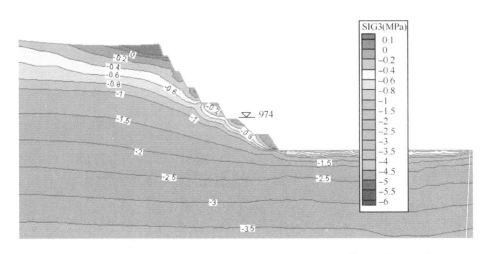

图 5-86 蒙库铁矿开采到 938 平台后 $A-A$ 剖面西端边坡岩体最小主应力等色图

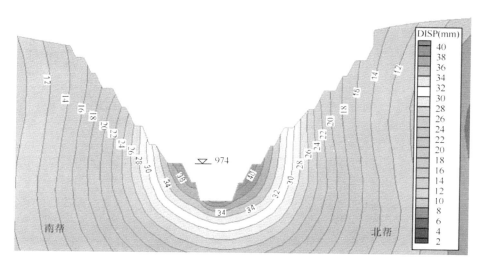

图 5-87　蒙库铁矿开采到 938 平台后 $B-B$ 剖面边坡岩体变形等色图

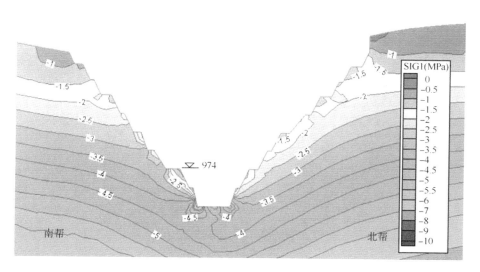

图 5-88　蒙库铁矿开采到 938 平台后 $B-B$ 剖面边坡岩体最大主应力等色图

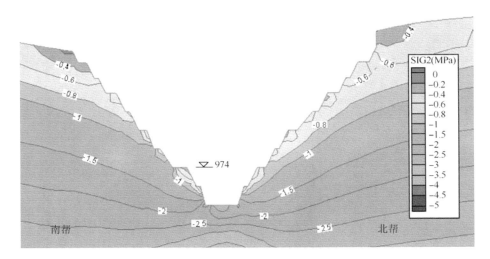

图 5-89　蒙库铁矿开采到 938 平台后 $B-B$ 剖面边坡岩体中间主应力等色图

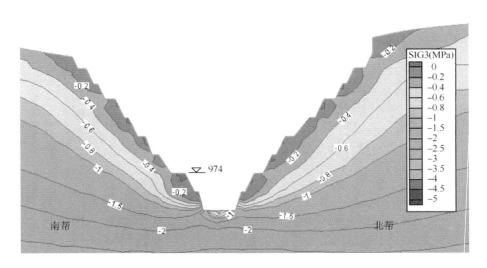

图 5-90　蒙库铁矿开采到 938 平台后 $B-B$ 剖面边坡岩体最小主应力等色图

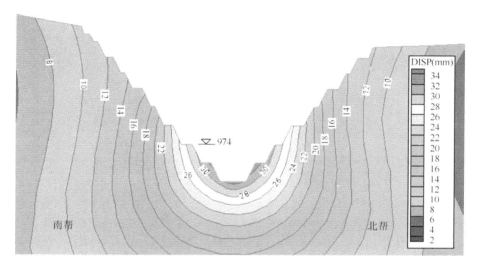

图 5-91　蒙库铁矿开采到 938 平台后 C－C 剖面边坡岩体变形等色图

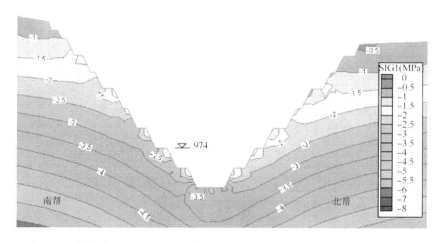

图 5-92　蒙库铁矿开采到 938 平台后 C－C 剖面边坡岩体最大主应力等色图

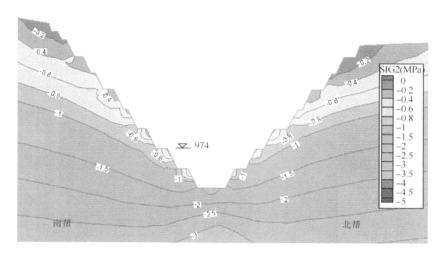

图 5-93　蒙库铁矿开采到 938 平台后 $C-C$ 剖面边坡岩体中间主应力等色图

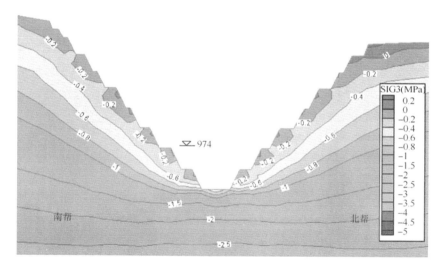

图 5-94　蒙库铁矿开采到 938 平台后 $C-C$ 剖面边坡岩体最小主应力等色图

5.2.7　开采终了边坡稳定性综合评价

　　蒙库铁矿露天开采过程中,高边坡岩体变形增长和应力调整是不断发生的,具有随开采平台变化的时间性,也有随露天采场形状变化的空间分布性。开采终了后,边坡变形应力分布的一般规律统计见表 5-1。

表 5-1 蒙库铁矿开采终了边坡变形与应力特征统计简表

平台	变形特征(mm)				应力特征
	南帮	北帮	东端	西端	
1070	17~20	18~22	11 左右	10~12	边坡西端地表应力松弛相对较明显,坡顶出现局部 0.1~0.2 MPa 的拉应力区;南帮和北帮坡顶局部位置也出现约 0.1 MPa 的拉应力
1046	22~24	23~27	14 左右	14 左右	西端和北帮平台前端出现局部的拉应力(约 0.1 MPa);而东端与南帮未出现明显的拉应力区
1022	28~30	31~33	15~17	16~18	西端和北帮平台前端局部出现一定的拉应力区,但拉应力小于 0.1 MPa
998	32~34	34~37	21~23	20~22	坡面无明显拉应力区,但西端和北帮平台坡脚出现一定的应力集中区,最大集中应力 $-1.5 \sim -2.0$ MPa
974	36~40	36~40	27~29	26~28	南帮和东端平台前沿出现局部拉应力(<0.1 MPa);而西端、南帮、北帮平台坡脚出现一定的应力集中区,最大集中应力 2.5 MPa 左右
938	38~42	38~42	37~39	30~34	坡面无明显拉应力区,该高程的平台坡脚均有一定的应力集中区,最大集中应力 $-2.0 \sim -3$ MPa

　　分析可见,开采终了后,高边坡顶部及上部平台前端一般出现局部的拉应力区,但拉应力数值都不大;而在高边坡下部平台坡脚位置,常出现一定的应力集中区,最大集中应力 $-2 \sim -3$ MPa,一般小于边坡岩体的单轴抗压强度。

5.3　蒙库铁矿露天高边坡强度稳定性分析

　　近年来,随着计算机技术进步和边坡稳定性研究的不断发展,建立在强度缩小基础上的边坡稳定极限分析方法——强度折减法,利用不断降低岩土体强度(内聚力和内摩擦角),使边坡达到极限破坏状态,从而由程序直接求出边坡安全系数与滑动面位置,使边坡稳定的极限分析进入一个新的实用阶段。近年来,在大量的边坡工程分析和研究中,该方法积累了丰富的经验,也得到了广泛的验证与应用,成为边坡安全性评价的一种定量分析方法。

在蒙库铁矿逐年露天分层开采过程中,高边坡逐渐形成,并将最终形成高度超过 200 m 的陡倾边坡。故高边坡的整体稳定性是影响该采矿场安全的关键性因素,也是制约该矿山采矿量的控制性因素。

为此,本节采用强度折减方法,在各个分区内取典型计算断面,分析《蒙库铁矿初步设计说明书》中所采用的最终边坡角"北帮 48°,南帮 50°,端帮 50°"的安全系数。由于高边坡不同区域地质条件的不可预计性、实际爆破震动的非可控性、岩石冻融劣化的时间性,为简化计算,蒙库铁矿高边坡整体安全系数分析中仅按连续介质理论进行计算,仅进行宏观的分层与分区考虑,而将地质构造、岩性、岩体结构类型、节理裂隙分布规律、地下水特性、现场爆破震动、高寒地区冻融等对边坡局部稳定性的一些因素,间接在设计(允许)安全系数的确定中适当加以考虑,考虑这些因素后,建议蒙库铁矿露天边坡安全系数限值为 1.20。

依据边坡稳定性分区与岩体质量评价研究将蒙库露天高边坡分为 4 个区,并在第Ⅲ区内分为 4 个亚区。因此边坡强度稳定性分析中,分别在各分区内取典型剖面,计算剖面位置边坡的安全系数(见图 5-95)。

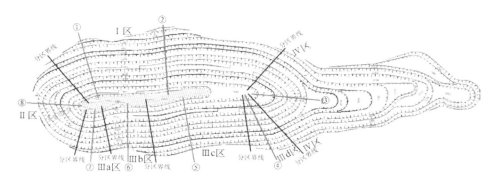

图 5-95 边坡安全系数计算剖面示意图

在数值计算的网格模型中,安全平台宽度约为 5 m,清扫平台宽度为 10～15 m 不等,两者相互间隔,且模型主要考虑了并阶后的边坡形态。边坡安全系数计算中采用 Mohr-Coulomb 弹塑性模型。计算过程中,前后左右边界采用法向约束,下底边界采用固定约束,参见图 5-96。

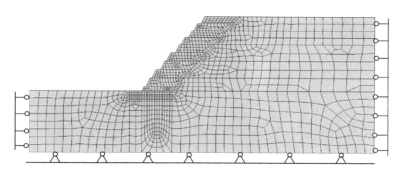

图 5-96　边坡安全系数计算模型与边界条件

5.3.1　第Ⅰ区边坡强度稳定性分析

第Ⅰ区北帮边坡强度稳定性分析中选取了 2 个典型剖面①和②,建立数值计算网格模型,高度分别为 210 m 和 230 m 左右,逐一计算各个剖面的安全系数。

通过 FLAC³ᴰ的自动搜索计算,表明第Ⅰ区北帮边坡剖面①的安全系数约为 1.274,边坡整体滑动的滑动面位置如图 5-97 所示,其边坡顶部滑动拉裂部位距离边坡前缘 40~50 m;第Ⅰ区北帮剖面②的安全系数约为 1.238,边坡整体滑动的滑动面位置如图 5-98 所示,其边坡顶部滑动拉裂部位距离边坡前缘 50~60 m。

图 5-97　FLAC³ᴰ搜索的第Ⅰ区北帮剖面①边坡整体滑动面

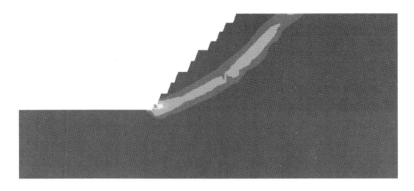

图 5-98　FLAC³ᴰ搜索的第Ⅰ区北帮剖面②边坡整体滑动面

5.3.2　第Ⅱ区边坡强度稳定性分析

第Ⅱ区西端边坡强度稳定性分析中选取了 1 个典型剖面⑧,建立数值计算网格模型,模型高度约 150 m。

通过 FLAC³ᴰ的自动搜索计算,表明第Ⅱ区西端边坡剖面⑧的安全系数约为 1.318,边坡整体滑动的滑动面位置见图 5-99,其边坡顶部滑动拉裂部位距离边坡前缘 35～40 m。

图 5-99　FLAC³ᴰ搜索的第Ⅱ区西端剖面⑧边坡整体滑动面

5.3.3　第Ⅲ区边坡强度稳定性分析

在第Ⅲ区南帮边坡强度稳定性分析中,分别在该区的 4 个亚区选取了④、⑤、⑥、⑦共 4 个典型剖面,分别建立数值计算网格模型进行边坡整体安全系数求解。

通过 FLAC³ᴰ的自动搜索计算,表明第Ⅲ区南帮边坡剖面④的安全系数约为 1.218,边坡整体滑动的滑动面位置如图 5-100 所示,其边坡顶部滑动拉裂部位距离边坡前缘约 40 m;第Ⅲ区南帮剖面⑤的安全系数约为 1.249,边坡整体滑动的滑动面位置如图 5-101 所示,其边坡顶部滑动拉裂部位距离边坡前缘约 45 m;第Ⅲ区南帮剖面⑥的安全系数约为 1.235,边坡整体滑动的滑动面位置如图 5-102 所示,其边坡顶部滑动拉裂部位距离边坡前缘 40～50 m;第Ⅲ区南帮剖面⑦的安全系数约为 1.244,边坡整体滑动的滑动面位置如图 5-103 所示,其边坡顶部滑动拉裂部位距离边坡前缘约 50 m。

图 5-100　FLAC³ᴰ搜索的第Ⅲ区南帮剖面④边坡整体滑动面

图 5-101　FLAC³ᴰ搜索的第Ⅲ区南帮剖面⑤边坡整体滑动面

图 5-102　FLAC³ᴰ搜索的第Ⅲ区南帮剖面⑥边坡整体滑动面

图 5-103　FLAC³ᴰ搜索的第Ⅲ区南帮剖面⑦边坡整体滑动面

5.3.4　第Ⅳ区边坡强度稳定性分析

第Ⅳ区东端边坡强度稳定性分析中选取了 1 个典型剖面③，建立数值计算网格模型，模型下部平台取至 950 平台，上部坡顶取至 1110 平台。

通过 FLAC³ᴰ的自动搜索计算，表明第Ⅳ区东端边坡剖面③的安全系数约为 1.368，边坡整体滑动的滑动面位置如图 5-104 所示，其边坡顶部滑动拉裂部位距离边坡前缘约 30 m。

图 5-104　FLAC³ᴰ搜索的第Ⅳ区东端剖面③边坡整体滑动面

各个剖面计算所得安全系数汇总见表 5-2。

表 5-2 典型位置边坡安全系数

剖面	特征位置	安全系数
①	第Ⅰ区北帮	1.274
②	第Ⅰ区北帮	1.238
③	第Ⅳ区东端	1.368
④	第Ⅲ区南帮 d 亚区	1.218
⑤	第Ⅲ区南帮 c 亚区	1.249
⑥	第Ⅲ区南帮 b 亚区	1.235
⑦	第Ⅲ区南帮 a 亚区	1.244
⑧	第Ⅱ区西端	1.318

5.4 蒙库铁矿露天边坡设计参数优化分析

从前面蒙库铁矿的三维数值仿真开采分析可见,当露天开采到 938 m 平台后,边坡岩体总体上变形不大,高边坡的松弛深度与范围也相当有限,边坡仅在凸出台阶局部出现较小的拉应力;同时各典型剖面的强度稳定性计算也显示各剖面安全系数均大于 1.2(当前蒙库铁矿设计安全系数为 1.2)。这些表明,在当前蒙库铁矿开采的设计参数,边坡总体上还具有一定的安全裕度,具备进一步进行开采设计参数优化的可行性。

为提高蒙库铁矿的矿石采出率,节约国家矿产资源,提高矿场经济效益和社会效益,基于边坡安全系数计算,本节尝试就蒙库铁矿露天开采的基本设计参数进行对比分析,探讨提高最终边坡角、增大深部开采平台并采用底部强化开采的可行性。

5.4.1 蒙库铁矿露天采矿高边坡最终边坡角优化分析

在当前蒙库铁矿露天开采设计中,其边坡最终边坡角设计参数为"上盘 48°,下盘 50°,端帮 50°",即矿区北帮采用 48°最终边坡角,而南帮和两侧的端帮采用 50°的最终边坡角。在最终边坡角优化分析中,将分别对北帮、南帮、西端和东端边坡的不同最终边坡角条件下的安全系数进行计算。

5.4.1.1 北帮不同最终边坡角条件下边坡强度安全性分析

在北帮边坡对比优化中,共设计了最终边坡角为 49°、50°两种,分别计算这两种边坡角条件下边坡的安全系数和滑动面位置,并与目前设计的北帮边坡角为48°时的安全系数进行对比分析。

通过 FLAC³ᴰ 的安全系数自动搜索计算表明(具体见表 5-3):

(1)当北帮边坡剖面①最终边坡角为 49°且阶段边坡角为 65°时,开采终了时的边坡整体安全系数约 1.236,同样条件下剖面②安全系数约 1.212(剖面②见图5-105),均略大于设计安全系数 1.2。

(2)当北帮边坡剖面①最终边坡角为 50°且阶段边坡角为 65°时,开采终了时的边坡整体安全系数约 1.195,同样条件下剖面②安全系数约 1.172(剖面②见图5-106),均略小于设计安全系数 1.2。

(3)当北帮边坡剖面①最终边坡角为 49°且阶段边坡角为 70°时,开采终了时的边坡整体安全系数约 1.232,在同样条件下剖面②安全系数约 1.210。

(4)当北帮边坡剖面①最终边坡角为 50°且阶段边坡角为 70°时,开采终了时的边坡整体安全系数约 1.189,同样条件下剖面②安全系数约 1.168,均略小于设计安全系数 1.2。

(5)对比剖面①和剖面②在相同条件下的安全系数可见,相同最终边坡角情况下,70°阶段边坡角的安全系数略小于 65°阶段边坡角的安全系数。

(6)对比提高最终边坡角计算出的边坡整体滑动面和前文采用的设计参数计算得出南帮边坡整体滑动面,可见两者的滑动面形态无明显差别。

(7)当依据边坡的安全系数不小于设计安全系数 1.2 这一原则,在无明显不利结构面条件下蒙库北帮边坡的最终边坡角可以适当提高 1°~1.5°。如在阶段边坡角为 65°的情况下,最终边坡角提高不大于 1.5°;当局部阶段边坡角提高到 70°时,最终边坡角提高不应大于 1.0°。

表 5-3　不同计算角度下北帮边坡安全系数

剖面	特征位置		安全系数		
			48°	49°	50°
①	第Ⅰ区北帮	65°	1.274	1.236	1.195
		70°	1.273	1.232	1.189
②	第Ⅰ区北帮	65°	1.238	1.212	1.172
		70°	1.237	1.210	1.168

图 5-105　FLAC³ᴰ搜索的北帮边坡最终边坡角为 49°时的整体滑动面

图 5-106　FLAC³ᴰ搜索的北帮边坡最终边坡角为 50°时的整体滑动面

5.4.1.2　南帮不同最终边坡角条件下边坡强度安全性分析

在南帮边坡对比优化中,共设计了最终边坡角为 51°、52°两种情况,分别计算这两种边坡角条件下边坡的安全系数和滑动面位置,并与目前设计的南帮边坡角为 50°时的安全系数进行对比分析。

通过 FLAC³ᴰ的安全系数自动搜索计算表明(具体见表 5-4):

(1)当南帮边坡最终边坡角为 51°且阶段边坡角为 65°时,除剖面④外,开采终了时的边坡整体安全系数均略大于设计安全系数 1.2。

(2)当南帮边坡最终边坡角为 52°且阶段边坡角为 65°时,各个剖面开采终了时的边坡整体安全系数均小于设计安全系数 1.2。

(3)对比剖面④～⑦不同条件下的安全系数可见,相同最终边坡角情况下,65°阶段边坡角的安全系数比 70°阶段边坡角的安全系数小 0.06～0.04。

(4)对比提高最终边坡角计算出的边坡整体滑动面(见图 5-107、图 5-108),可见两者的滑动面形态无明显差别,近滑动面距边坡前沿距离稍有变化。

基于以上计算,当依据边坡的安全系数不小于设计安全系数 1.2 这一原则,在无明显不利结构面条件下蒙库铁矿北帮边坡的最终边坡角可以适当提高 1.0°。如在终了时阶段边坡角为 65°的情况下，最终边坡角可提高不大于 1.0°；当局部阶段边坡角提高到 70°时，最终边坡角提高应小于 0.7°。

表 5-4　不同计算角度下南帮边坡安全系数

剖面	特征位置		安全系数		
			50°	51°	52°
④	第Ⅲ区	65°	1.218	1.193	1.158
	南帮 d 亚区	70°	1.214	1.188	1.151
⑤	第Ⅲ区	65°	1.249	1.221	1.171
	南帮 c 亚区	70°	1.245	1.216	1.167
⑥	第Ⅲ区	65°	1.235	1.210	1.165
	南帮 b 亚区	70°	1.231	1.205	1.159
⑦	第Ⅲ区	65°	1.244	1.217	1.169
	南帮 a 亚区	70°	1.240	1.213	1.163

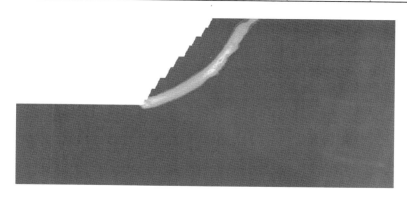

图 5-107　FLAC³ᴰ搜索的南帮边坡最终边坡角为 51°时的整体滑动面

图 5-108　FLAC³ᴰ搜索的南帮边坡最终边坡角为 52°时的整体滑动面

5.4.1.3　西端与东端不同最终边坡角条件下边坡强度安全性分析

在西端和东端边坡最终边坡角对比优化中,共设计了最终边坡角为 52°、54° 两种边坡角,分别计算这两种边坡角条件下边坡的安全系数和滑动面位置,并与目前设计的端帮边坡角为 50° 时的安全系数进行对比分析。

通过 FLAC³ᴰ 自动搜索的不同计算角度下端帮安全系数见表 5-5,计算结果表明:

(1)当西端边坡最终边坡角为 52° 且阶段边坡角为 65° 时,开采终了时的边坡整体安全系数约 1.239(图 5-109),大于设计安全系数 1.2。

(2)当西端边坡最终边坡角为 54° 且阶段边坡角为 65° 时,开采终了时的边坡整体安全系数约 1.171(图 5-110),小于设计安全系数 1.2。

(3)当东端边坡最终边坡角为 52° 且阶段边坡角为 65° 时,开采终了时的边坡整体安全系数约 1.261(图 5-111),大于设计安全系数 1.2。

(4)当东端边坡最终边坡角为 54° 且阶段边坡角为 65° 时,开采终了时的边坡整体安全系数约 1.209(图 5-112),略大于设计安全系数 1.2。

(5)对比剖面③和⑧不同条件下的安全系数可见,相同最终边坡角情况下,65° 阶段边坡角的安全系数略小于 70° 阶段边坡角的安全系数。

(6)对比提高最终边坡角计算出的边坡整体滑动面,可见两者的滑动面形态无明显差别,近滑动面距边坡前沿距离稍有变化。

基于以上计算,当依据边坡的安全系数不小于设计安全系数 1.2 这一原则,蒙库铁矿端帮边坡的最终边坡角可以适当提高 2° 左右。在终了时阶段边坡角为 65° 的情况下,最终边坡角可提高不大于 2.5°;当阶段边坡角提高到 70° 时,最终边坡角提高不应大于 2°。

表 5-5　不同计算角度下端帮边坡安全系数

剖面	特征位置		安全系数		
			50°	52°	54°
⑧	第Ⅱ区西端	65°	1.318	1.239	1.171
		70°	1.314	1.234	1.167
③	第Ⅳ区东端	65°	1.368	1.261	1.209
		70°	1.364	1.256	1.203

图 5-109　FLAC³ᴰ搜索的西端边坡最终边坡角为 52°时的整体滑动面

图 5-110　FLAC³ᴰ搜索的西端边坡最终边坡角为 54°时的整体滑动面

图 5-111　FLAC³ᴰ搜索的东端边坡最终边坡角为 52°时的整体滑动面

图 5-112　FLAC³ᴰ搜索的东端边坡最终边坡角为 54°时的整体滑动面

5.4.2　蒙库铁矿露天采矿深部强化开采可行性分析

蒙库铁矿露天开采初步设计时,在力学参数不足等不利因素条件下,边坡角的选取是合理的,使得在目前研究条件下,边坡角提高的空间不大,增采下部水平时采场宽度受限制,但由于深部岩体的夹制作用明显,且深部边坡服务年限短,可考虑进行深部强化开采。为此,基于边坡强度稳定性分析,分别以北帮最终边坡角为 49°、南帮最终边坡角为 51°,计算最后三个台阶(938 平台、926 平台、914 平台,其中,后两个台阶为拟增采平台)采用最终边坡角为 54°的强化开采时边坡安全系数。

典型剖面位置与前面相同,计算结果见表 5-6。

表 5-6　采用深部强化开采时典型位置边坡安全系数

剖面	特征位置	安全系数
①	第Ⅰ区北帮	1.228
②	第Ⅰ区北帮	1.201
④	第Ⅲ区南帮 d 亚区	1.188
⑤	第Ⅲ区南帮 c 亚区	1.213
⑥	第Ⅲ区南帮 b 亚区	1.197
⑦	第Ⅲ区南帮 a 亚区	1.207

　　计算表明,当采用深部强化开采时,除剖面④、⑥外,其他典型剖面的安全系数均略大于1.2,这说明由于底部封闭圈作用,最后三个台阶采用强化开采对边坡整体安全系数的影响有限。同时,由于深部台阶服务年限短,进行深部强化开采具有一定的可行性。为增加边坡的安全性,靠帮爆破时,必须采取控制爆破来减少对围岩的扰动,边坡附近大爆破时,必须控制总药量和单段药量,同时,要加强对边坡的维护,必要时可局部加固。

　　须指出的是,本部分对蒙库铁矿露天开采参数进行优化分析时,其力学参数取值仅依据目前的室内试验和现场成果,其结论的准确性很大程度上依赖蒙库铁矿岩体力学参数的准确性。岩体力学性质的差异性、工程地质条件的不均匀性、采掘过程的不可控性等多种因素都将不同程度地影响边坡的整体与局部稳定性,故蒙库铁矿后续开采过程中的高边坡的稳定性研究须长期跟踪进行。

5.5　本章小结

　　本章首先通过三维数值仿真分析,模拟蒙库铁矿露天开采过程,研究分层开挖中边坡的应力场、位移场的演化过程与演化规律,整体上评价了南帮、北帮、东端等不同区域边坡的稳定性。这些分析结论和认识可为对边坡稳定性分区、采矿过程安全管理、边坡强度稳定性评价、边坡安全监测设计、露天采矿设计参数优化等提供参考依据。

　　随后,据各种影响因素确定蒙库铁矿露天边坡安全系数限值为1.20,在基于边坡稳定性分区和三维仿真开挖分析基础上,选取8个典型剖面,采用FLAC^{3D}数值计算软件自动搜索边坡整体滑动的安全系数和滑动面位置,获得了不同区域边坡的整体强度安全系数,如表5-2所示。从表中可见,开采终了后,蒙库铁矿露天高边坡一般位置的整体安全系数均大于设计安全系数1.2,这也表明在目前的开采设计参数下,蒙库铁矿还有一定的安全裕度,当采取合理的采掘工艺时,还可以通过露天采矿参数的优化设计,一定程度上提高蒙库铁矿的采矿率,获得更好的经济效益。

　　最后,为提高蒙库铁矿的经济效益,依据边坡整体安全系数不低于设计安全系数这一基本原则,通过边坡最终边坡角的对比分析计算,认为蒙库铁矿露天边坡各帮最终边坡角均可不同程度提高。综合数值计算结果和多种客观因素,最后提出蒙库铁矿露天边坡边坡角优化建议值汇总见表5-7。

表 5-7　蒙库铁矿露天边坡边坡角优化建议值汇总表

分区		阶段边坡角	原设计最终边坡角	提高角度限值	备注
北帮		65°	48°	≤1.5°	(1) 上部最终边坡角可视设计需要适当放缓； (2) 虽然生产过程阶段边坡角可提高到70°,但必须加强现场管理工作； (3) 边坡设计安全系数一定程度上考虑了现场构造、岩性、岩体结构、节理裂隙分布、地下水特性等因素,以及现场调研、室内试验、爆破震动监测等结果,最终确定为1.2
北帮		70°	48°	≤1.0°	
南帮	a、c	65°	50°	≤1.0°	
南帮	a、c	70°	50°	≤0.7°	
南帮	b、d	65°	50°	≤0.7°	
东、西端		65°	50°	≤2.5°	
东、西端		70°	50°	≤2°	
深部强化开采	北帮	70°	48°	≤3°～5°	
深部强化开采	南帮	70°	50°	≤2°～3°	

第6章 寒区矿山高边坡安全控制措施

6.1 概述

露天矿山开采时,由于边坡不稳定因素影响及边坡安全管理不善,均有可能导致边坡岩体滑动或崩落坍塌,给矿山作业人员、生产设备、国家财产和矿产资源带来严重的危害和损失。因此,进行露天矿山边坡稳定性及安全控制措施研究,对于保证矿山安全生产、提高矿山生产的经济效益以及实现矿山可持续发展具有重要意义。

露天矿山开采会扰动原岩应力状态,形成二次应力重新分布,使边坡岩体发生变形破坏。边坡破坏的形式主要有崩塌、散落、倾倒坍塌和滑动等。边坡破坏类型、破坏岩体的滑动速度、破坏规模三个要素的综合作用决定了一次边坡破坏过程可能造成的危害。如果在事故发生前能较准确地预测破坏类型、滑动速度和破坏规模等三个要素,就能提前采取有效措施,防止边坡破坏的发生或将边坡破坏所造成的危害降到最低限度。

矿山边坡出现崩塌、滑坡等安全问题,一方面可能是地质条件等方面的客观原因,另一方面也有采掘过程中施工措施不合理的原因。要控制或减少露天矿山边坡安全问题,必须结合矿山实际情况来制订安全控制措施。一般说来,边坡安全控制措施包括确定合理的台阶高度和平台宽度、正确选择台阶坡面角和最终边坡角、选用合理的开采顺序和推进方向、合理进行爆破作业减少爆破震动对边坡的影响、展开边坡安全检查、采取有效的安全加固措施等。

就蒙库铁矿边坡而言,其稳定性影响因素既有一般边坡的共性问题,也有寒区边坡的特殊性,必须在全面掌握边坡影响因素的基础上,制订有针对性的安全控制措施。

6.2 蒙库铁矿边坡稳定性影响因素分析

通过对蒙库铁矿高陡边坡的系统研究发现,影响该边坡稳定性的因素主要有岩性、高寒地区冻融作用、结构面发育情况、边坡几何特性、软弱夹层、爆破震动等。

6.2.1　岩性的影响

地层岩性是影响边坡稳定的基本因素。不同的地层岩组有其特殊的矿物成分、亲水特性以及抗风化能力，所以，岩性特征尤其是物理力学性能对边坡的变形破坏有着直接影响。结合前期工程地质调查及勘察报告可知，蒙库铁矿边坡岩性以变粒岩、角闪变粒岩、条带状角闪变粒岩为主，其他岩性岩石有黑云角闪斜长片麻岩、斜长角闪岩、不纯大理岩等。其中变粒岩、角闪变粒岩、条带状角闪变粒岩在露天边坡区域最常见，黑云角闪斜长片麻岩主要出露在西帮、东帮和中部。

对不同岩性岩块的力学性能试验表明，变粒岩、角闪变粒岩、条带状角闪变粒岩力学性能较好，单轴抗压强度、抗剪切强度、弹性模量值均较高，其中单轴抗压强度一般在 100 MPa 以上，因此，这些岩性分布区的边坡稳定性较好。而黑云角闪斜长片麻岩力学性能相对较差，单轴抗压强度大部分小于 100 MPa，均值在 80 MPa 左右，故该岩性分布区域边坡稳定性亦相对较差。

在边坡岩体中还存在岩体蚀变现象，发生蚀变的变粒岩局部钙化，性脆，易风化，单轴抗压试验后呈粉末状（见图 6-1），不利于边坡稳定；现场观察到部分边坡岩体浅表层存在明显的风化剥蚀现象，局部呈现散体，上述特殊的岩性特征都会对局部边坡稳定性构成影响。

图 6-1　钙化蚀变岩块破坏后呈粉末状

6.2.2 高寒地区冻融作用的影响

6.2.2.1 高寒环境下边坡的特殊性

目前,广大学者对高寒地区边坡在气候影响下将引起的水与岩体的共同作用已达成共识。

寒区边坡的特殊性具体表现在如下几个方面:

(1)气候作用明显。对于岩质边坡,气温变化对其稳定性的影响主要表现为岩体在冻融循环作用下发生冻融损伤,强度降低。季节更替、昼夜循环的温差会对岩体尤其是强度较低、含水率较高的岩体力学性质产生重要的影响。

(2)地下水和降雨影响大。地下水渗入岩体裂隙中,为冻融作用提供了重要的物质基础;在水与边坡岩体共存的情况下,冻融作用将导致边坡表层岩体的强度降低。

(3)人类工程活动影响显著。寒区的冻岩因风化作用强度低,脆性大,更易受到外界因素的干扰,不合理的开挖方式、开采过程中的爆破震动效应等均对边坡稳定性产生重要影响。

(4)矿山边坡特殊的几何形态。例如,蒙库铁矿露天边坡的几何形态为垂直深度高、边坡范围宽、边坡角度大(60°左右),这种几何形态边坡对冻融作用更为敏感。

6.2.2.2 冻融作用对边坡稳定性影响机理

高寒地区冻融作用主要体现在岩石物理风化方面。物理风化是指使岩石发生机械破碎,没有显著的化学成分变化。冻融导致的物理风化主要由温度变化引起水的冻结和融化所致,"冰劈作用"是其中最典型的一种物理风化作用。岩石裂隙中的水分在0℃以下时会冻结成冰,体积增大,使岩石的裂隙扩大;气温上升,冰融化成水继续向裂隙深处渗透。这样循环往复,就像冰楔子一样使岩石持续开裂破碎。

岩石边坡暴露于空气中,当气温低于0℃时,边坡表层开始冻结,形成冻结面。随着气温的进一步降低及持续时间的延长,冻结面逐渐向内部延伸,由于水分有向冻结面移动的趋势,边坡内部的水分通过裂隙或空隙向冻结面移动,造成冻结面上含水、饱和度增加。当饱和度增加到一定程度时,由水转化成冰产生的膨胀力超过岩石强度,导致裂缝产生,造成岩石强度降低。

对不同岩石循环冻融试验后发现,低温冻融循环作用使岩石中产生新的裂隙,原有的裂隙不断扩展,破坏了岩石的结构,降低了岩石的密实度和颗粒间的连接,从而导致岩石宏观强度、刚度的下降及变形的增大;尽管每次冻融循环岩样的物理力学性能损失很小,但随着循环冻融次数的增加,岩样的强度会有明显降低。

总体而言,对于蒙库铁矿高陡边坡,冰劈作用会影响表层边坡的稳定性,在浅表层节理裂隙发育区域尤甚,节理裂隙闭合时则影响较小。

6.2.2.3　冻融作用下寒区边坡可能的失稳类型

对冻融边坡失稳类型的划分和描述是寒区边坡稳定性研究的重要内容。针对蒙库铁矿边坡的实际工程条件和地质条件,边坡主要为厚层状、强度较大的岩石高边坡,在周期性的冻融循环作用下,将导致岩体的损伤不断加剧,岩体强度降低,最可能发生的是局部冻融性的滑坡或崩塌。而表层局部滑坡破坏模式是岩石边坡长期冻融作用的主要表现形式。

现场蒙库铁矿局部存在陡倾结构面,岩体强度则相对较高。在低温条件下较高的岩石强度及不甚活跃的地下水及地表水的活动,使得寒冬时岩石崩塌事故一般较少,但大温差环境则其影响十分明显,主要表现在两个方面:一是温差导致的岩石不协调变形,形成张拉裂隙;二是冻融循环的冰劈作用,会使非贯通的陡倾结构面起裂、扩展、贯通。在常态条件下,蒙库铁矿边坡整体稳定性较好,但在周期性冻融循环作用下,会导致裂纹的萌生、扩展直至贯通,当影响范围逐步扩大时,则可能导致局部范围滑坡的发生。

6.2.3　结构面的影响

岩体中结构面的存在降低了岩体的整体强度,增大了岩体的变形性能,是岩体的不均匀性、各向异性和非连续性的直接原因。不稳定岩体往往沿着一个或多个结构面组合形成的弱面发生变形破坏。

结构面成为潜在滑动面的两个最重要的因素是结构面产状与斜坡面的空间组合关系及结构面的力学性能。结构面倾向与坡向基本一致并形成一定夹角时,才具有成为潜在滑动面的可能性;当结构面与坡面为反倾或斜交角度较大时,它对边坡稳定性影响只是破坏坡体岩石的完整性和控制滑体或岩崩体的边界。边坡的稳定性同时取决于潜在破坏面的抗剪强度,破坏与否和结构面的力学性能相关,也就是取决于潜在破坏面的力学性能。

由工程地质调查可知,该矿露天边坡岩体节理发育,矿区内节理总体上为两组,产状为 $300°\sim310°\angle60°\sim70°,115°\sim125°\angle80°\sim90°$,它们的倾向分别与南、北帮边坡基本一致,是边坡稳定的主控结构面。如果是结构面闭合较好、胶结程度较高的岩体,则有利于边坡稳定,但不排除在爆破震动、时间效应等因素共同作用下发生局部滑坡、崩塌的可能;如果结构面胶结性能差甚至不闭合,就会影响边坡的稳定性,有发生整体崩塌和滑坡的可能。此外,蒙库铁矿边坡还发育一组近水平节理,将岩体切割成堆垛状,有局部坍塌和滚石的可能。

6.2.4　边坡几何特性的影响

边坡的几何特性系指边坡的高度、坡角、坡面形态以及边坡的临空条件等。不利形态和规模的边坡往往在坡顶产生张应力,并引起坡顶出现张裂缝;在坡脚产生强烈的剪应力,出现剪切破坏带,极大地降低了边坡的稳定性。对均质边坡而言,其坡度越陡、坡高越大则稳定性越差。

露天矿山边坡属于人工边坡,其几何特性可由设计控制,因此,可结合边坡研究成果,在蒙库铁矿设计阶段进行露天边坡境界优化,合理设计其最终边坡角、阶段边坡角、台阶高度和宽度,确保边坡安全。

6.2.5　地下水的影响

地下水是影响边坡稳定性的重要因素之一,主要表现在对边坡岩体的溶解、溶蚀、冲刷、软化,渗入过程中产生静水压力,或引起膨胀压力等,还可以劣化岩体的物理力学性质,降低其强度,破坏其完整性。在寒区,地下水的影响更加显著,能产生明显的前文论述的冻融效应。

蒙库铁矿所在区域地下水的补给主要为大气降水和冰雪融水。虽然该矿露天边坡岩体节理裂隙发育,有利于地下水的运移,但是该地区年平均降雨量为 150～200 mm,年蒸发量高达 1700～2000 mm;另一方面,边坡岩体和矿体的渗透系数小,短时间内存在的地下水对岩体的物理化学作用较小;加之边坡岩体中含充填物的结构面并不普遍,厚度并不大,贯通性也不好。因此,地下水对蒙库铁矿边坡稳定性主要表现为冰雪融化后渗入张开结构面,在冻融循环作用中发生冰劈作用。

6.2.6　软弱夹层的影响

边坡岩体中的软弱夹层,是控制边坡变形和破坏的另一主要因素。

由该矿工程地质调查可知,在已揭露的南、北帮边坡均存在一定的破碎带和软弱夹层,但延展性差,分布区域不大,只对局部边坡稳定性产生影响。此外,通过对北帮的软弱夹层进行 X 衍射实验可知,夹层中还存在膨胀性矿物质——蒙脱石和伊利石,其具有膨胀性,在地下水丰富或大气降水的条件下,会对边坡稳定性带来不利影响。由于蒙库铁矿所在区域地下水不丰富,而且膨胀性矿物质分布地段少,其影响也仅局限于较小范围。

6.2.7　爆破震动的影响

露天矿山开采过程中,爆破作业占有重要地位。炸药爆炸是一个高温、高压和高速的过程,能量的转换、释放、传递和做功过程极短,在几十微秒到几十毫秒内就会完成。中深孔爆破作业时,炸药爆炸释放能量,使炮孔周围介质破碎,同时由于爆破应力波作用又使较远处介质产生剪应力和拉应力,使介质产生裂隙。剩余的一部分能量以波的形式传播到地面,引起地面质点的震动,形成爆破地震波。爆破导致的地震效应会影响边坡稳定性,是边坡潜在不稳定体发生破坏的诱发因素。

蒙库铁矿露天边坡稳定性受到强度大且频繁的爆破动载荷作用。采场中深孔爆破每周 2～3 次,爆破药量经常多达 10 t,最大单段药量达 3 t,一次浅孔及二次破碎也随时进行。因此,在制订该矿边坡安全控制措施时,爆破震动的影响是需重点考虑的因素之一。

6.3　蒙库铁矿露天边坡安全控制措施

6.3.1　边坡安全控制措施制订原则

从边坡研究成果及边坡稳定性影响因素可见,蒙库铁矿高陡边坡暂无大规模滑坡和崩塌的可能,目前存在的安全隐患主要是局部崩塌、浅表层滑坡和坍塌、滚石等。因此,针对本工程实际条件,制订安全措施的总原则是"以预防性安全控制措施为主,必要的工程加固为辅"。

6.3.2　预防性安全控制措施

边坡的预防性安全控制,是通过对边坡稳定性的各种影响因素以及可能的安全问题进行全面分析,掌握导致安全问题的要素,建立完善的预防性安全控制体系,采取有效的纠正措施,降低威胁发生的可能性和减少安全薄弱点,从而保证在不进行工程加固和尽可能少的工程加固前提下边坡的安全性。

预防性安全控制是一种全新的理念,注重防患于未然,达到减少隐患、保障安全、使矿山生产综合成本最低的目的。

结合蒙库铁矿边坡实际,预防性安全控制措施包括:边坡巡查、监测预警、控制爆破以及冻融效应阻隔等。

6.3.2.1 边坡巡查

边坡开挖前地质勘查工作很难完全提供准确的地质资料,而且采掘生产过程中难以完全避免不稳定体的形成,所以开挖后在边坡服务期内进行边坡状态、异常情况的观察得到直观信息,掌握边坡现状条件,及早发现安全隐患,为边坡监测、管理及加固措施制订提供第一手资料,保障矿山生产安全、持续、经济的开展。

边坡巡查的内容有:①边坡形态、角度及台阶宽度是否合要求。②边坡节理裂隙发育部位、软弱破碎地带是否存在不稳定体。③边坡上可能不稳定体的张开裂隙有无发展趋势。方法包括在边坡体关键裂缝处埋设骑缝式简易观测桩;或在裂缝上设置简易玻璃条、水泥砂浆片,贴纸片;在岩石、陡壁面裂缝处用红油漆划线作观测标记;在陡坎(壁)软弱夹层出露处设置简易观测标桩等,定期用各种长度量具测量裂缝长度、宽度、深度变化及裂缝形态、开裂延伸的方向;甚至可以将专门制作的木楔子楔入某条裂缝,以观察它是否继续松动。④有无滚石坠落危及人员、车辆、设备的隐患。

对于巡查中发现的明显不稳定体、松散体、有安全威胁的浮石必须及时清除,对其他安全隐患要及时上报,并重点观察,特别严重的必须采取相应措施。边坡巡查可看作边坡监测的一部分,可与边坡监测同时进行。

6.3.2.2 监测预警

边坡监测是边坡安全管理的"眼睛",通过合理经济的边坡监测措施,能准确掌握边坡变形特征与趋势,科学分析判断崩滑体在不同时期的自稳状态,预警可能的破坏方式及危害区域,使防治工作有的放矢,抓住并抓准防治时机;了解露天开采设计和施工的合理性,为及时调整设计和施工方案提供依据。

边坡监测预警是边坡预防性安全控制措施的重要内容,必须足够重视并长期进行,考虑章节篇幅及监测系统建立与数据处理的重要性,具体的监测及预警措施将在本章第4节展开详细论述。

6.3.2.3 控制爆破

爆破震动是影响边坡安全的重要因素。爆破震动强度是与许多因素有关的一个随机参量,大量工程实例和研究成果表明,爆破震动强度与爆破的类型、装药量、距爆心的距离、传递爆破地震波的介质情况、地形地质条件和起爆方法等因素有关;其中,介质情况和地形地质条件是不可改变的,减少爆破震动的影响,主要从其他几个因素着手来实施控制爆破。

控制爆破主要在靠帮爆破时进行,通过控制爆破,一方面可以保证边坡面有较好的平整度和良好的形态,有利于边坡的稳定;另一方面,能减少对边坡岩体的损伤,有效保持其力学性能,进而避免不稳定体的产生。可见,合理的控制爆破措施是边坡预防性安全控制措施中的重要组成部分。

边坡的控制爆破主要有光面爆破和预裂爆破,依据蒙库铁矿边坡岩体特点,推荐在岩体相对破碎地段,在靠帮前几排爆破时,采用预裂爆破,可有效防止大爆破对最终边坡的损伤与破坏,靠帮爆破时采用光面爆破;其他岩体整体稳定性较好地段,只在靠帮时采用光面爆破。

此外,尽管在生产过程中不采用光面爆破的方式,但大爆破也会对边坡稳定性产生一定程度的影响,因此,必须采用合理的爆破参数,并利用微差爆破的方式来控制单段药量,临近边坡岩性较差时更应如此。

无论是控制爆破参数还是生产爆破参数,经验选取的方法不能保证炸药与岩性的合理匹配。基于此,研究过程中,进行了爆破漏斗试验以选取合理的爆破参数,相关试验过程与成果将在本章第 5 节详细论述。

蒙库铁矿在项目研究过程中,曾依据爆破漏斗试验提供的参数,在南帮 1080 水平实施过光面爆破,由现场效果(如图 6-2)可见,光面爆破区域边坡面较平整,半孔率较高,而邻近区域采用普通爆破时,边坡面参差不齐,岩面破碎,边坡岩体受爆破损伤严重。

图 6-2　蒙库铁矿 1080 水平光面爆破效果对比图

6.3.2.4　冻融效应阻隔

目前,对冻岩问题的研究,以冻融条件下岩块物理力学性质、冻融破坏机理、损伤特性、冻融损伤理论居多,在制订冻融区域工程措施时,也形成了许多处理方法,各种方法均有一定的针对性。

蒙库铁矿虽然地处高寒地区,但全年降水量不大,地下水不丰富,冻融循环对该矿边坡的影响在于春季白天解冻时积雪融水渗入表层岩体节理裂隙,晚上结冰膨胀,反复冻融导致裂隙扩展,影响表层边坡的稳定性。因此,针对边坡危险区域,开展冻融效应阻隔,方法简单,针对性强。

所谓冻融阻隔,就是在边坡巡查的基础上,确定影响边坡安全的节理裂隙发育的不稳定体,在每年冬歇期前的合适时间,喷射混凝土覆盖不稳定体表面,在积雪与不稳定体间形成保护层,达到减少积雪融水渗入节理裂隙的目的,从而阻隔冻融效应的发生。该方法简单有效,不仅能有效实现冻融效应阻隔,还能达到防止岩体风化和局部加固的目的。

具体实施前,必须确定该不稳定体会对安全生产形成威胁,对于轻易可以清除的不稳定体,宜以清除为主;不易清除、无须加固又有潜在危险的,再喷射薄层混凝土进行阻隔。喷射混凝土的厚度为 5～10 cm。

6.3.3 工程加固措施

尽管在合理设计、合理施工和预防性安全控制措施作保障的基础上,蒙库铁矿露天边坡没有大规模滑坡和崩塌的可能,但随着时间推移和工程活动的影响,不排除局部不稳定体的产生。在矿山服务期间,通过巡查和监测发现存在影响安全生产的不稳定体时,应采取一定的工程加固措施。

6.3.3.1 柔性防护

柔性防护技术在国内外交通、水电、矿山等边坡防护领域得到了广泛的应用。柔性防护系统是利用钢绳网作为主要构成部分,将岩石动能转换成钢绳网的变形能,其目的在于防止岩崩的产生及减轻坡面滚石的危害。整个系统可分为拦截(被动防护)系统和被覆(主动防护)系统两大部分,两者既可分开使用,也可联合使用。

拦截系统是一种以高强度的柔性钢绳网为主体的能拦截和堆存崩岩、滚石的柔性金属栅栏(拦截网),其与传统的拦截式构筑物的主要差别在于系统自身的高柔性、高强度及特制的能量消散设备足以吸收和分散崩岩、滚石产生时的冲击动能,并将之转换成系统的变形能进而拦截并堆存滚石。

被覆系统是通过固定在锚杆和张拉支撑绳上并施予了一定预张拉力的钢绳网(固坡网)对整个边坡形成连续的支撑,其预张拉力转换成能阻止局部岩块或土体移动的预应力,从而实现防止岩崩和滚石产生的目的。系统的作用原理类似于锚喷支护和锚钉墙,但因其所固有的柔性特征,不仅可使系统承担较大的下滑力,还可使其局部集中的下滑力向四周均匀传递。

6.3.3.2　喷锚网加固

喷锚网是边坡工程中常见而又成熟的加固措施,既可喷射混凝土、挂钢网、锚杆(锚索)单独实施,也可联合作用。究竟如何确定加固形式、如何选取施工参数,应结合不稳定体的具体情况,在充分研究论证后设计决定。

制订工程加固措施时,应结合巡查和监测资料,通过专项研究和设计来完成。

6.4　服务于边坡预防性安全控制措施的监测系统建立

6.4.1　监测的必要性

建立边坡监测系统是预防性安全控制的一种重要手段,目的是对可能发生滑坡、崩塌的边坡进行观测,查明滑动性质、滑体规模和预警预报滑坡、崩塌等地质灾害,提前采取控制措施,以确保生产安全,避免灾难性事故的发生或将安全影响降到最低。

从已开挖的边坡情况和矿区附近的地质情况综合来看,整个矿体存在于向斜结构的核部位置,由于矿体的分布与向斜的轴向相近,开挖中,边坡的南北帮位于向斜的两翼,这可以从南北帮的岩体倾向相反反映出来;而且由于近核部,岩体的倾角很大,从现场来看,岩层的倾角大都在 70°以上;另外,岩层位于褶皱核部大多比较破碎,现场可以看出,岩层中各级结构面发育,节理、小断层以及软弱岩层夹层都有出露,对边坡的开挖以及以后的稳定造成了一定的影响。

目前,蒙库铁矿露天边坡存在崩塌和局部浅表层滑坡的安全隐患,但还没有达到大规模工程治理的程度,宜以监测预报作为主要的"预防性安全控制"措施之一。通过合理经济的边坡监测措施,能准确掌握崩塌和滑体的变形过程,科学分析判断崩滑体在不同时期的自稳状态和可能的破坏方式及危害区域,合理地采取预防和治理措施,经济有效地减灾防灾。

蒙库铁矿最终边坡高度可达 260 m,设计最终边坡角上盘 48°,下盘 50°,端帮

50°，开采终了时阶段坡面角为 65°，生产时阶段坡面角为 70°，并且矿山边坡角还存在优化的可能，优化后的边坡角较原设计边坡角有所提高，因此必须通过监测来提前了解边坡的变形情况，将其作为预防性安全控制措施的手段之一，确保边坡的稳定和矿区的安全生产。

6.4.2　监测项目选择的原则

针对蒙库铁矿工程背景，通过对工程地质情况及目前采矿活动范围的深入了解，监测项目的选择采取以下原则。

（1）重点突出、全面兼顾的原则。它包含两方面含义：①在监测项目上，由于影响边坡稳定性的因素很多，因此所要进行的监测项目也很多，如大地位移测量、裂缝伸长测量、爆破震动测量和压力测量等，监测方案制订过程中需要全面考虑这些影响因素。但结合现场工程实际，不必对这些项目进行全面监测，只需针对主要影响因素进行重点监测，既符合工程需要又达到监测目的。②在监测点的布置上，既要保证监测系统对整个边坡的覆盖，又要确保关键部位和敏感部位的监测需要，在这些重点部位应优先布置监测点。

（2）及时有效、安全可靠的原则。监测系统应及时埋设、及时观测、及时整理分析监测资料和及时反馈监测信息，满足工程的需要和进度，有效地反馈边坡的变形情况，及时指导生产；仪器安装和测量过程应当安全，测量方法和监测仪器应当可靠，整个监测系统应具有较强的可靠性。

（3）方便易行、经济合理的原则。监测系统应当便于操作和分析，力求简单易行，不影响正常采矿活动；仪器不易损坏，适用于长期观测，考虑测试成果的可靠程度，选用设备一般以光学、机械和电子设备为先后顺序，优先考虑使用光学和机械设备，提高测试精度和可靠程度；应充分利用现有设备，在满足工程实际需要的前提下尽可能考虑造价的合理，力争经济适用并能形成统一的结论和简洁的报表。

6.4.3　监测方案和目的

蒙库铁矿露天边坡监测设计方案采用二级监测的网格型监测网络，具体包括：

（1）监测范围涉及整个矿山的边坡，以掌握整个边坡宏观变形情况。

（2）地表变形监测的观测线一般设置成直线，并与矿床走向垂直。在同一层上的观测点相互构成水平位移的对比点，不同层的观测点构成垂直位移的对比点。

（3）在监测网络上的各观测点可以连成射线状网络，最大限度发挥既有监测点的功效，解决了未确定滑坡体的情况下无从监测的问题，为监测后期确定重点监测范围奠定基础。

通过上述方案的实施，可以达到掌握蒙库铁矿露天边坡潜在不稳定体的范围和变形方向的目的，为下一步重点监测提供依据。

6.4.4　监测内容

依据蒙库铁矿露天边坡监测分级情况，在保障正常采矿活动的前提下，考虑监测仪器的适应性与技术经济因素，确定该边坡的监测内容分为必测项目和选测项目。若必测项目中的数据出现变形异常，可考虑实施选测项目。

（1）必测项目

必测项目主要为大地变形监测，相关技术要求如表 6-1 所示。

表 6-1　必测项目

监测内容	监测名称	监测仪器	推荐监测仪器
大地变形监测	平面监测	全自动跟踪全站仪（一台）	莱卡（LEICA）、索佳（SOKKIA）
	高程监测	电子水准仪（一台）	索佳（SOKKIA）

观测点埋设要求：

测点埋深 50～60 cm，混凝土浇灌（见图 6-3），顶部带有"十"字形的不锈钢标志，埋设位置应设在距离边坡临空面 1.5 m 以上的稳定岩体中。

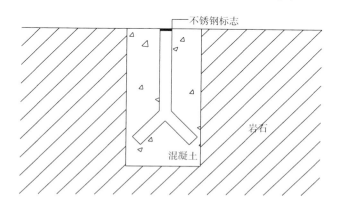

图 6-3　观测点埋设示意图

（2）选测项目

经过前述监测工作，若发现存在不稳定体，在数据分析和地面宏观巡查后确定其范围，加密该区域的监测网络，或者在大地变形异常时，尤其在发现存在局部滑动带时，可考虑多点位移计和钻孔测斜仪。

在现场巡查阶段，可采用简易观测法来判断不稳定性的位置。

通过简易观测法可对崩塌和滑坡的宏观变形迹象和与其有关的各种异常现象进行定期的观测、记录，从宏观上掌握崩塌、滑坡的变形动态和发展趋势。该法也可以结合仪器监测资料综合分析，初步判定崩滑体所处的变形阶段及中短期滑动趋势。即使是采用先进的仪表观测法监测边坡体的变形，简易观测法仍然是不可缺少的观测方法。

在监测分级中，二级监测还包括了地下水监测和大气降水监测。蒙库铁矿所在地区大气降水的主要表现形式是降雪，并且地下水对矿山边坡的影响是降雪融化后在边坡上形成短暂的悬挂式地下水，作用时间相对较短，地下水和大气降水的影响范围和影响时间都有一定的偶然性，故此可以将地下水监测和大气降水监测作为选测项目。在大气降水或者冰雪融水量较大的时候，结合宏观地质巡查来决定是否进行这两种监测。

6.4.5 监测网布置

依据监测网布置原则以及监测方案和目的要求，实际进行观测点埋设时，遵循"全面覆盖，突出功能"的理念，根据现场实际情况，按下述原则进行：

（1）水平方向上大约每 100～200 m 布置一个观测点，边坡稳定性较差的部位可适当加密，竖直方向上 2～4 个台阶布置一个观测点。

（2）要求监测点在水平、竖直和斜向基本能连成直线，便于对比。

（3）监测点位置选择应具有代表性，不能布置在局部散体上。

（4）监测点连线所形成的监测剖面应在重点区域，如节理发育、岩体破碎地段、高差较大部位等。

（5）坡面南帮、北帮和东端绝对位移监测网的布置参照图 6-4～6-6 并结合现场具体情况灵活掌握（由于采矿过程中边坡揭露岩体的各向异性，该图只作为网络布置参考形式，不代表监测点实际布置位置，实际布设监测点时应考虑揭露岩体的具体情况），各监测点既作平面监测也作高程监测。西端未给出监测网络布置参考图，实际布设时可参考图 6-6 进行。

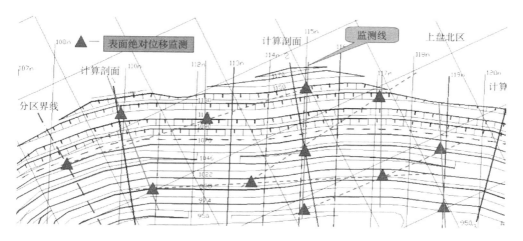

图 6-4 蒙库铁矿上盘北区监测网络示意图

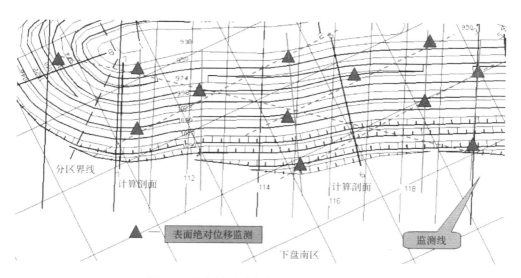

图 6-5 蒙库铁矿下盘南区监测网络示意图

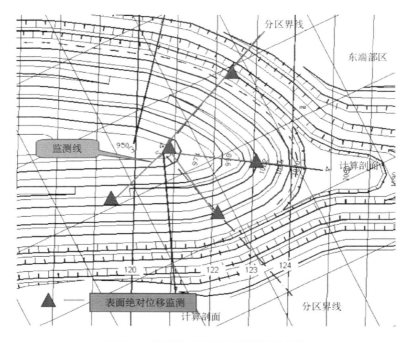

图 6-6　蒙库铁矿东端监测网络示意图

在监测网络中，必须有监测基准点。监测基准点位置选择应结合现场实际并参照下述原则：

（1）地势平坦，视野开阔。

（2）没有爆破、滑坡等影响。

（3）基准点容易保护，不受自然和人为条件影响。

（4）能保证在该点可以系统进行所有观测工作，不至于因新建工程或其他原因妨碍观测工作。

6.4.6　监测频率和监测管理

监测点埋设后，必须长期观测。监测频率按下述原则进行：

（1）埋设初期，必须每天监测一次。

（2）持续两周后，若无较大绝对位移变化或变形速度加快时，可 2~3 天一次，并逐步过渡到 1 周一次或 10 天一次。

（3）监测过程中，若发现绝对变形过大或变形速度加快时，必须加大监测频率，并及时上报矿有关管理部门。必要时，须组织专家进行会商。

监测网络中的监测点，必须编号管理，当天测量当天记录分析处理，并绘制变形时程曲线。

监测点的编号原则如下：在一般情况下，倾斜观测线上观测点编号应自下山向上山方向顺序增加，走向观测线上观测点编号应按工作面推进方向顺序增加。

6.4.7　监测资料的处理与分析

边坡的监测资料（主要指变形量测数据）的处理与分析，是边坡监测数据管理系统中一个重要的研究内容，可用于对边坡未来的状况进行预报、预警。边坡变形数据的处理可以分为两个阶段：一是对边坡变形监测原始数据的处理；第二个阶段是运用边坡变形量测数据分析边坡的稳定性现状，并预测可能出现的破坏模式，建立预测模型。

结合蒙库铁矿的具体情况，在不考虑其他物理因素对边坡变形影响的条件下，可以选用 Excel 分析软件对边坡的变形数据进行初步处理。这种数据处理方法适用于监测数据少，且没有历史数据作为参考的监测初期阶段，简便而直观的处理方式有利于工程技术人员及时掌握应用。在监测数据库中还应增加矿山的必测项目"平面监测和高程监测"的数据以及巡查等方面的信息。

各种监测手段所测出的位移时程曲线均不是标准的光滑型曲线。由于降水、地震、人类活动以及其他随机因素干扰，实际上大多数情况下的位移时程曲线都具有不同程度的波动和起伏，呈现振荡型，使观测曲线的总体规律在一定程度上被掩盖。如果对位移时程曲线的振荡部分进行去干扰处理，增强获得的信息，使具突变效应的曲线变为等效的光滑曲线，将有利于判定不稳定边坡的变形阶段及进一步建立其失稳的预报模型。

在绘制变形测点的位移时程曲线中，反复运用离散数据的邻点中值做平滑处理，使原来的振荡曲线变为光滑曲线，而中值平滑处理就是取两相邻离散点的中点作新的离散数据。如图 6-7 所示，点 1′、2′、3′、4′、5′即为点 1、2、3、4、5、6 中值平滑处理后得到的新点。

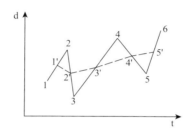

图 6-7　数据平滑滤波处理示意图

监测过程中,通过对位移时程曲线的反复平滑滤波处理,可得到不同监测点、不同监测剖面的水平位移与沉降时程曲线,据此可得到累积变形量、变形速率、变形加速度等信息,方便进行边坡变形破坏的预警预报。

由于斜坡变形深化过程的复杂性、随机性和不确定性,边坡变形破坏预警预报的定量指标或阈值很难给出一个客观标准。对现有边坡的统计结果表明,仅就变形速率而言,滑坡发生前的变形速率范围在 0.1～1000 mm/d 不等,个体差异较大。因此,无论用何种指标作为滑坡临滑的预报判据时,都必须以监测数据为基础,对所预报滑坡进行深入的工程地质分析,采用多种方法和手段进行系统科学的分析,才能得出较合理的预报判据。对于蒙库铁矿边坡,在监测过程中若出现变形持续增大、时程曲线斜率开始变陡且无收敛迹象时,即可开始预警,并开展专项研究以查明其变形破坏机理与发展趋势,同时采取对应的加固措施。

6.5 基于预防性安全控制措施的爆破参数选择

为降低爆破震动对边坡岩体力学性能的劣化,减少对边坡稳定性的影响,靠帮爆破时须采用控制爆破,生产爆破参数的选择也应与矿区的岩石特性相匹配。基于此,研究过程中选择有代表性的地段进行了爆破漏斗试验,为控制爆破、生产爆破参数选择提供依据,并给出了参数建议值。

6.5.1 试验目的

在特定的岩石条件下,不同性能的炸药与不同的爆破参数,其爆破作用过程和破碎效果有很大差异。要研究采矿场矿岩体的爆破性质,首先必须了解矿岩的可爆性,并针对此矿岩条件,选择与之爆破物理力学性质相匹配的炸药,确定合理的靠帮控制爆破参数和生产爆破参数。为此,本书采用现场爆破漏斗试验,分析试验地段的矿岩可爆性、确定控制爆破参数和生产爆破参数,这也是爆破漏斗试验的主要目的所在。

结合本次试验研究和新疆蒙库铁矿深孔爆破的技术要求,爆破漏斗试验的目的可具体归纳为如下四个方面:

(1)根据蒙库铁矿提供的炸药,通过单孔球状药包爆破漏斗试验评价中深孔爆破时炸药与矿岩匹配性情况。

(2)确定爆破所用炸药的最佳比例埋深、最佳比例半径。

(3)确定标准爆破漏斗和最佳爆破漏斗时的炸药单耗,为岩体可爆性分级提供依据。

（4）在单孔爆破漏斗试验的基础上，进行变孔距同段爆破漏斗试验，确定炮孔间距与最佳爆破漏斗半径的关系；采用连续柱状装药斜面台阶爆破试验方法，利用斜面台阶爆破抵抗线连续变化的性质，进行单孔斜面台阶爆破，测量爆破的最大抵抗线，为爆破参数设计提供依据。

6.5.2 现场爆破漏斗试验理论依据

爆破漏斗理论根据之一是"立方根比例规律"，这个比例是根据量纲的推理，即大比例的原型试件与小比例的模型试件之间的线性量纲的比例因素，是与这两个模型得出的爆破空间体积及爆破用药量立方根成正比的。

大量爆破漏斗试验的结果表明，当药包长径比不超过 8 时，爆破效果同真正的球状药包相接近。爆破漏斗理论与试验的研究结果也表明：一次爆破传给岩石的能量大小与速度取决于岩性、炸药性能和药包重量。从传给爆破岩体的能量观点来看，药包埋置深度不变而改变药包重量，同药包重量不变而改变药包埋置深度会有相同的效果。据此，利文斯顿研究了在药包重量不变的情况下，药包埋置深度对岩石破坏的影响，提出了药包处于临界埋深 L_e（临界埋深指自由面岩石仅有裂隙或微量片落发生时的药包中心埋深）时的弹性变形方程式，即：

$$L_e = E \cdot Q^{1/3} \text{ 或 } L_j = \Delta_j \cdot E \cdot Q^{1/3} \tag{6-1}$$

式中，L_e——临界埋深，m；

$\quad E$——应变能系数，对于特定的岩石与炸药，E 为常数；

$\quad Q$——球状药包重量，kg；

$\quad L_j$——最佳埋深，即爆破体积最大且爆破块度均匀时的药包中心埋深；

$\quad \Delta_j$——最佳埋深比，$\Delta_j = L_j/L_e$，对于特定的岩石和炸药 Δ_j 为常数。

根据利氏弹性应变方程的演变过程可知，在同一岩体中采用同一种炸药爆破时，小型爆破漏斗试验和大直径深孔（单孔）爆破两者的爆破漏斗参数满足如下关系：

$$\frac{L_{j1}}{L_{j0}} = \left(\frac{Q_1}{Q_0}\right)^{\frac{1}{3}}; \frac{R_{j1}}{R_{j0}} = \left(\frac{Q_1}{Q_0}\right)^{\frac{1}{3}}; \frac{V_{j1}}{V_{j0}} = \frac{Q_1}{Q_0} \tag{6-2}$$

式中，Q_0、Q_1 分别为小型爆破漏斗试验和大直径深孔爆破时所用的药包重量，kg；L_{j0}、L_{j1} 分别为小型爆破漏斗试验药包重量为 Q_0 时、大直径深孔爆破药包重量为 Q_1 时的最佳埋深，m；R_{j0} 为小型爆破漏斗试验，当药包重量为 Q_0，且处于最佳埋深 L_{j0} 时的最佳漏斗半径，m；R_{j1} 为大直径深孔爆破，当药包重量为 Q_1，且处于最佳埋深 L_{j1} 时的最佳漏斗半径，m；V_{j0}、V_{j1} 分别为小型爆破漏斗试验在 Q_0、L_{j0} 状态时，

大直径深孔爆破在 Q_1、L_{j1} 状态时的爆破漏斗体积,m^3。

根据爆破体积与装药量成正比的关系,在柱状连续均匀装药时,则有:

$$W_1/W_2 = (q_1/q_2)^{1/3} \qquad (6-3)$$

式中,W_1,W_2——非耦合与耦合装药时的爆破抵抗线,m;

q_1,q_2——非耦合与耦合装药时单位长度炮孔装药量,kg/m。

上述关系式说明,通过采用重量为 Q_0 的球状药包进行小型爆破漏斗试验,求得最佳埋深 L_{j0}、最佳漏斗半径 R_{j0} 和最佳爆破漏斗体积 V_{j0} 之后,利用利文斯顿爆破漏斗理论可以求出重量为 Q_1 的球状药包进行大直径深孔爆破时的最佳埋深 L_{j1}、最佳漏斗半径 R_{j1} 和最佳爆破漏斗体积 V_{j1}。

对深孔爆破而言,孔间距 a 与单孔爆破漏斗半径有关,通常取爆破漏斗半径的 1.2~1.6 倍。但该经验公式炮孔间距取值范围大,尚需通过大量的试验进行调整。为此根据利文斯顿爆破漏斗相似原理,可根据单孔爆破漏斗试验所确定的最佳埋深,以不同的孔间距进行多孔同段模拟爆破试验,求得最佳爆破效果时(爆破块度均匀,且两孔之间不留三角脊柱)的孔间距,为生产中深孔爆破的孔间距选择提供合理依据。

综上所述,本次爆破漏斗试验的实质是通过单孔爆破漏斗试验,绘出爆破漏斗的特征曲线,求得试验条件下的临界埋深、应变能系数、最佳埋深、炸药单耗等参数。之后,以最佳埋深为装药深度,进行变孔距多孔同段爆破漏斗试验,以验证和选择深孔爆破的孔间距。所以,小型爆破漏斗试验对大直径深孔凿岩、爆破设计有着重要的指导意义。

6.5.3 试验地点的选择

爆破漏斗试验地点选择原则,一是使试验矿岩体地段与被开采区段矿岩性质相同或接近,同时受爆破震动影响要小;二是尽量使试验集中在同一区域内进行,以减少对正常生产的干扰。

根据研究要求,试验分为两个部分,一个部分为矿体的爆破漏斗试验,另一个部分为岩石的爆破漏斗试验。通过现场调查,矿体试验地点选择在 7# 矿区,由于 7# 矿区主要为磁体矿,该地段矿体性质与主采场矿体性质接近。由于生产爆破后场地坑洼不平,部分区域覆盖有浮渣(见图 6-8),所以先对试验场地进行了浮渣清理,再根据估算不同装药深度炮孔形成的漏斗大小,分散地选取了炮孔位置,为达到变孔距的试验目的,变孔距的炮孔大体上布置在一条直线上。1# 矿岩石的试验地点选择在南帮 1080 m 水平,试验地点地势平坦,面积较大,尽管有一定的浮石,但通过人工清除即可达到试验要求。该地段地质条件能较好代表矿区岩石工程地质特征,试验条件较理想。

图 6-8　7#矿爆破漏斗试验区照片

6.5.4　现场爆破漏斗试验基本方法

根据试验所需要确定的基本参数,制定系列爆破漏斗试验方法如下:

(1)单孔爆破漏斗试验,以寻求最佳爆破漏斗深度。

(2)以最佳爆破漏斗深度为装药深度,进行变孔距同段爆破漏斗试验,计算在同段爆破情况下的单位炸药消耗量。

(3)采用连续柱状炸药斜面台阶爆破试验方法,利用斜面台阶爆破抵抗线连续变化的性质,进行单孔斜面台阶爆破,测量爆破的最小抵抗线。

6.5.4.1　单孔爆破漏斗试验

单孔爆破漏斗试验布孔原则是要求各孔爆破后形成的漏斗互不干扰,孔口尽可能有足够大的平整自由面,钻孔轴线要垂直于自由面,深孔和浅孔交替布置。根据类似岩性爆破漏斗试验结果的爆破漏斗半径,爆破漏斗的大小合理布置孔位,由于矿区试验场地是选择相对平整的场地,试验区域散布较广。相邻炮孔间距大于 2.5 m,孔深 0.4～1.2 m,单孔爆破漏斗设计孔深见表 6-2,在每个炮孔内装填 1 个雷管,2 卷炸药(每卷 150 g)。炸药为膨化硝铵炸药,其性能为殉爆距离≥3 cm、猛度≥12 mm、爆速≥3.2×10³ m/s、做功能力≥298 ml、水分≤0.5%、药卷密度 0.95～1.10 g/cm³。采用球状药包装药,药卷直径 40 mm。

表 6-2　单孔爆破漏斗试验炮孔设计深度(单位:m)

1# 矿区	编号	1	2	3	4	5	6	7	8	9
	深度	0.4	0.5	0.6	0.7	0.8	0.9	1.0	1.1	1.2
7# 矿区	编号	1	2	3	4	5	6	7	8	9
	深度	0.4	0.5	0.6	0.7	0.8	0.9	1.0	1.1	1.2

6.5.4.2　变孔距多孔同段爆破漏斗试验

　　参考单孔爆破漏斗试验结果的最佳爆破漏斗深度,1#矿区钻凿 5 个孔,孔间距分别为:1~2 号,1.2 m;2~3 号,1.4 m;3~4 号,1.6 m;4~5 号,1.8 m。7#区钻凿 6 个孔,孔间距分别为:1~2 号,1.2 m;2~3 号,1.4 m;3~4 号,1.6 m;4~5 号,1.8 m;5~6 号,2.0 m(7#区现场炮孔布置见图 6-9,白色十字标志为炮孔点位)。以最佳炮孔埋深为药包装药深度,炮孔内分别装填两卷匹配性炸药,每卷重150 g。

图 6-9　7#矿变孔距爆破漏斗试验炮孔分布图

6.5.4.3　斜面台阶爆破漏斗试验

　　采用连续柱状装药斜面台阶爆破试验方法,利用斜面台阶爆破抵抗线连续变化的性质,进行单孔斜面台阶爆破,测量爆破的最大的最小抵抗线。试验炮孔孔深2.0 m,孔径为 40 mm(见图 6-10),膨化硝铵炸药连续耦合装药,装药密度是0.53 kg/m。斜面台阶爆破漏斗试验炮孔布置见图 6-11。

图 6-10　7$^#$ 矿斜面台阶爆破漏斗试验布置图

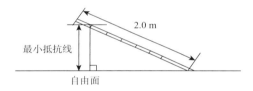

图 6-11　斜面台阶爆破漏斗试验炮孔布置示意图

6.5.4.4　漏斗试验炮孔直径及装药、堵塞与爆破

根据爆破漏斗相似定律误差分析结果,当爆破漏斗试验结果(L_{j0} 或 R_{j0})存在误差为 δ 时,则导致大直径深孔爆破漏斗参数(L_{j1} 或 R_{j1})的绝对误差 Δ 为:

$$\Delta = \delta \cdot \left(\frac{Q_1}{Q_0}\right)^{\frac{1}{3}} = \frac{D}{d} \cdot \delta \qquad (6\text{-}4)$$

式中,D——大直径深孔爆破孔径,110 mm;

$\quad$ d——小型爆破漏斗试验炮孔直径,40 mm。

从上式可以看出,小型爆破漏斗试验孔径(d)与大直径深孔爆破孔径(D)相差越大,则爆破漏斗试验引起的误差值也越大。基于此分析,结合现场地质特点,并考虑爆破对矿区现场的稳定性影响和现场凿岩条件的限制,试验炮孔采用 40 mm 孔径的炮孔。

装药前,对个别较深的炮孔用炮泥调整到设计装药深度,而后用炮棍装填药包。药包装入设计药量后,再在孔口堵塞一定长度的炮泥。膨化硝铵炸药用非电毫秒雷管直接起爆,每次爆破所有试验炮孔。对个别爆后余孔较深、岩石较完整的残孔进行再利用,以增加爆破漏斗试验数据。

单孔爆破漏斗钻孔间距的确定,应保证相邻炮孔爆破漏斗的形成不受影响。根据国内类似矿山爆破漏斗试验结果估计的爆破漏斗半径,设计相邻炮孔间距均在 2.5 m 以上。

第一次爆破漏斗试验用膨化硝铵炸药,布置直径 40 mm 的水平炮孔 10 个。孔间距 2.5~3 m,孔深 0.4~1.4 m。

第二次爆破漏斗试验仍采用第一次爆破漏斗试验时的炸药,共布置直径 40 mm 的 5 个水平孔,孔深以第一次试验所得的最佳漏斗深度为准。

爆破漏斗试验各种炸药直径均为 40 mm,球状药包总重量为 300 g(长径比为 8 左右)。

6.5.4.5 爆破漏斗体积与半径测量

(1)爆破漏斗体积测量

以垂直炮孔轴线的平面作为基准面(见图 6-12),在爆破前后,分别按 20 cm× 20 cm 的网度测量地表水平面和漏斗轮廓线距基准面的距离(见图 6-13),求出各测点的爆破深度,按抛物线法(即辛卜生法)计算求得漏斗各断面的面积 S_i。

$$S_i = \frac{B}{3}\big[(Y_0 + Y_n) + 2(Y_2 + Y_4 + \cdots + Y_{2i} + \cdots)$$
$$+ 4(Y_1 + Y_3 + \cdots + Y_{2i+1} + \cdots)\big] \tag{6-5}$$

式中,S_i——漏斗某断面面积,m²($i = 1, 2, 3 \cdots$);

$\quad B$——测点间距,$B = 0.2$ m;

$\quad Y_i$——第 i 点爆破深度,m。

各断面面积求出后,按棱台体求得漏斗体积 V:

$$V = \frac{B}{3}\big[(S_1 + S_n) + 2(S_1 + S_2 + \cdots + S_i + \cdots) + \sum_{i=1}^{n} \sqrt{S_i \cdot S_{i+1}}\big] \tag{6-6}$$

(2)爆破漏斗半径测量

炮孔爆破后,扣除漏斗口周围岩石片落部分,圈定漏斗口的边界。然后以炮孔为中心,间隔 45°直接量取 8 个不同方位的漏斗半径 R_i,然后取其平均值作为漏斗半径。

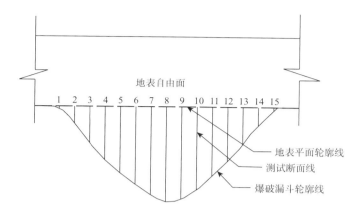

图 6-12　爆破漏斗体积测算示意图

图 6-13　爆破漏斗体积现场量测

6.5.5　爆破漏斗试验数据处理与结果分析

6.5.5.1　单孔爆破漏斗试验结果

（1）7#矿矿体试验

对 7# 矿爆破漏斗体积测量数据进行统计、计算所得试验结果如表 6-3 所示。

表 6-3 7#矿矿体爆破漏斗试验数据

炮孔编号	孔深(m)	药包中心埋深(m)	漏斗深度(m)	漏斗半径(m)	漏斗体积(m³)	埋深比	单位炸药爆破体积(m³/kg)	块度评价
1	0.40	0.25	0.30	0.32	0.065	0.24	0.217	无大块
2	0.50	0.35	0.35	0.38	0.083	0.33	0.277	无大块
3	0.60	0.45	0.42	0.45	0.091	0.43	0.303	大块少
4	0.70	0.55	0.50	0.56	0.172	0.52	0.573	大块多
5	0.80	0.65	0.70	0.65	0.278	0.62	0.927	大块多
6	0.90	0.75	0.55	0.50	0.170	0.71	0.567	大块多
7	1.00	0.85	0.45	0.40	0.070	0.81	0.233	大块少
8	1.10	0.95	0.25	0.20	0.020	0.90	0.067	大块少
9	1.20	1.05	0.00	0.00	0.000	1.00	0.000	无大块

由该矿体条件下进行单孔爆破漏斗试验所得的数据表 6-3 可以看出：

①从现场爆破漏斗试验结果来看，节理裂隙和地形情况对爆破漏斗形成有很大影响。具体表现在漏斗形状、漏斗体积、爆破块度、炸药单耗等方面。

②爆破漏斗体积总体较小，炸药单耗较高，表明矿体较坚硬、致密，属难爆型。

③采用膨化硝铵炸药时，炸药的临界埋深 1.05 m，最佳埋深 0.65 m，最佳埋深比 0.62，最佳爆破漏斗体积 0.278 m³，应变能系数 1.568，单位炸药消耗量 1.08 kg/m³。

依据表 6-3 绘制的漏斗岩体的 $V/Q \sim L/Le$ 曲线如图 6-14 所示。

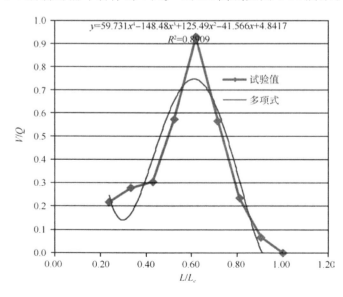

图 6-14 7#矿矿体爆破漏斗特征曲线

根据最小二乘法原理,对爆破漏斗试验数据进行四次项回归,所得的膨化硝铵炸药的爆破漏斗体积(V)与药包埋深(L)以及体积(V)与爆破漏斗半径(R)之间的多项表达式为:

$$V/Q = 59.731(L/L_e)^4 - 148.48(L/L_e)^3$$
$$+ 125.49(L/L_e)^2 - 41.566(L/L_e) + 4.8417 \quad\quad (6\text{-}7)$$

理论最佳深度与体积:$L = 0.64$ m,$V = 0.225$ m³。

（2）1# 矿岩体试验

从爆破漏斗显示的新鲜岩面可以看出,这几个漏斗的爆堆也出现了沿裂隙面剥离的大块,漏斗形状不是很规则,基本上是沿裂隙面发育,所以在对试验数据进行分析时要先对实测的数据进行整理,剔除不合理的数据。对 1# 矿爆破漏斗体积测量数据进行统计、计算所得试验结果如表 6-4 所示。

表 6-4　1# 矿岩体爆破漏斗试验数据

炮孔编号	孔深(m)	药包中心埋深(m)	漏斗深度(m)	漏斗半径(m)	漏斗体积(m³)	埋深比	单位炸药爆破体积(m³/kg)	块度评价
1	0.40	0.25	0.24	0.38	0.075	0.24	0.250	无大块
2	0.50	0.35	0.35	0.42	0.098	0.33	0.327	无大块
3	0.60	0.45	0.45	0.49	0.212	0.43	0.707	大块少
4	0.70	0.55	0.69	0.71	0.359	0.52	1.197	大块多
5	0.80	0.65	0.70	0.65	0.246	0.62	0.820	大块多
6	0.90	0.75	0.55	0.50	0.137	0.71	0.457	大块多
7	1.00	0.85	0.31	0.36	0.084	0.81	0.280	大块多
8	1.10	0.95	0.23	0.17	0.017	0.90	0.057	大块少
9	1.20	1.05	0.00	0.00	0.000	1.00	0.000	无大块

由试验结果可以看出:

①节理裂隙对爆破漏斗形成有很大影响。具体的表现形式与 7# 矿体类似。从现场爆破漏斗试验结果来看,由于受原有生产爆破和岩体节理裂隙的影响,爆破漏斗形状不规则,边界沿裂隙面发展,体积大,爆破块度大。

②与 7# 矿体相同,爆破漏斗体积总体较小,炸药单耗非常高,属难爆型。

③根据上述分析和表的结果可知,在该矿岩条件下进行单孔爆破漏斗试验所得的主要参数为:

采用膨化硝铵炸药时,临界深是 1.05 m,最佳埋深 0.55 m,最佳埋深比 0.524,应变能系数 1.568,最佳爆破漏斗体积 0.359 m³,炸药单耗 0.835 kg/m³。

依据表 6-4 做两种岩体的 $V/Q \sim L/L_e$ 曲线如图 6-15 所示。

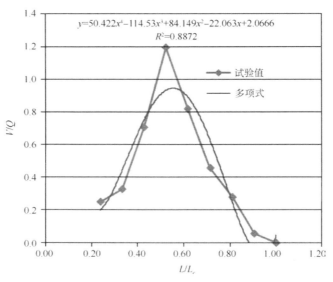

图 6-15   1# 矿岩体爆破漏斗特征曲线

根据最小二乘法原理,对爆破漏斗试验数据进行四次项回归,所得的爆破漏斗体积(V)与药包埋深(L)以及体积(V)与爆破漏斗半径(R)之间的多项表达式为:

$$V/Q = 50.422(L/L_e)^4 - 114.53(L/L_e)^3$$
$$+ 84.149(L/L_e)^2 - 22.063(L/L_e) + 2.0666 \qquad (6-8)$$

理论最佳深度与体积:$L=0.5775$ m,$V=0.285$ m³。

6.5.5.2   变孔距多孔同段爆破漏斗试验结果

(1)7# 矿矿体试验

此次爆破漏斗试验采用药包中心埋深 0.64 m,炮孔间距分别为 1.2 m、1.4 m、1.6 m、1.8 m 的 5 个炮孔同段齐发。其爆破轮廓见图 6-16。

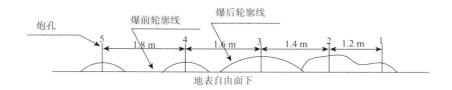

图 6-16   变孔距多孔同段爆破示意图

由现场爆破效果观测可知,由于现场试验地点自由面不是很平整,同时受节理裂隙控制,导致不同孔间距同段爆破试验的爆破体积存在不同,但能反映爆破叠合情况。孔间距为 1.2 m 的 1#、2# 两个炮孔沿其中心线连通,形成沟槽,受自由面形状的作用,孔间留有脊柱,大块较多;孔间距为 1.4 m 的 2#、3# 两孔刚好未形成连通,未能形成沟槽,但可见爆破作用使两漏斗形成连通,但由节理裂隙控制,形成大块较多;与相邻炮孔孔间距为 1.6 m、1.8 m 的 4# 和 5# 两孔都未连通成槽,基本上形成各自独立的爆破漏斗。分析上述结果,当孔间距相对较小时,孔间炸药爆能相互叠加,形成的孔脊柱较小;当孔间距相对较大时,孔间炸药爆能叠加效果削弱,最终呈现独立的爆破漏斗。

变孔距同段爆破试验结果表明,孔间距等于或小于 1.2～1.4 m 时,相邻炮孔爆破漏斗叠合较好,孔底矿石得到有效破碎。因此,确定孔间距参数在 1.3 m 左右为宜。根据利文斯顿爆破漏斗理论:

$$A = \frac{a}{(Q_1/Q_2)^{1/3}} \qquad (6\text{-}9)$$

式中,a——变孔距多孔同段爆破漏斗试验炮孔间距,1.2～1.4 m;

　　A——中深孔孔距,m;

　　Q_1——斜面台阶法爆破试验单位长度炮孔装药量,0.53 kg/m;

　　Q_2——中深孔爆破单位长度炮孔装药量,6.86～7.14 kg/m。

由测得数据根据公式(6-9)计算出矿体中深孔的炮孔孔距为:A=2.8～3.31 m。

(2)1# 矿岩体试验

此次爆破漏斗试验采用药包中心埋深 0.5775 m,炮孔间距分别为 1.2 m、1.4 m、1.6 m、1.8 m、2.0 m 的 6 个炮孔同段齐发。其爆破轮廓见图 6-17。

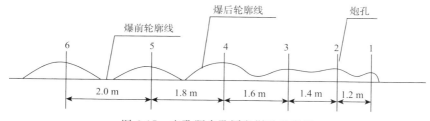

图 6-17　变孔距多孔同段爆破示意图

由试验结果可以看出孔间距为 1.6 m 的 3#、4# 两孔沿炮孔中心线连通,形成沟槽,孔间留有脊柱,大块较多;孔间距为 1.8 m 的 4#、5# 两孔刚好形成连通,但未能形成沟槽;孔间距为 2.0 m 的 5#、6# 两孔未连通成槽,基本上形成各自独立的爆破漏斗。分析上述结果,当孔间距相对较小时,孔间炸药爆能相互叠加,形成的孔脊柱较小;当孔间距相对较大时,孔间炸药爆能叠加效果削弱,最终呈现独立的爆破漏斗。

变孔距同段爆破试验结果表明,孔间距等于或小于 1.6～1.8 m 时,相邻炮孔爆破漏斗叠合较好,孔底矿石得到有效破碎。因此,确定孔间距参数在 1.6～1.8 m 范围为宜。

仍按利文斯顿爆破漏斗理论公式(6-9)计算,这里 a 取 1.6～1.8 m,其他参数不变,计算出岩体中爆破中深孔的炮孔孔距为:A=3.78～4.26 m。

当采用光面爆破时，Q_2 取值为 0.88～0.91 kg/m；根据公式(6-9)计算出光面爆破周边眼孔间距为：$A = 1.9～2.1$ m。

6.5.5.3 斜面台阶爆破漏斗试验结果

(1)7#矿矿体试验

此次试验炮孔布置见图 6-10，斜面台阶法最小抵抗线试验结果见表 6-5。

表 6-5 斜面台阶法最小抵抗线试验数据

序号	炮孔 深度(m)	装药 长度(m)	孔底 抵抗线(m)	实际爆破抵抗 线最大值(m)	备注
A	2.0	1.23	1.54	1.29	矿石破碎 块度较均匀

根据利文斯顿爆破漏斗理论：

$$W = \frac{w}{(Q_1/Q_2)^{1/3}} \qquad (6-10)$$

式中，w——斜面台阶法爆破试验的最小抵抗线，1.25～1.35 m；

  W——中深孔炮孔排距，m；

  Q_1——斜面台阶法爆破试验单位长度炮孔装药量，0.53 kg/m；

  Q_2——中深孔爆破单位长度炮孔装药量，6.86～7.14 kg/m。

由表 6-5 的数据根据公式(6-10)计算出中深孔的炮孔排距为：$W = 2.85～3.21$ m。

(2)1#矿岩体试验

1#矿岩体斜面台阶法最小抵抗线试验结果见表 6-6。

表 6-6 斜面台阶法最小抵抗线试验数据

序号	炮孔 深度(m)	装药 长度(m)	孔底 抵抗线(m)	实际爆破抵抗 线最大值(m)	备注
A	2.0	1.24	1.54	1.24	岩石破碎 块度较均匀

依据试验结果，仍按公式(6-10)计算，若 w 取 1.2～1.3 m，其他参数相同，得出中深孔的炮孔排距为：$W = 2.83～3.07$ m。

当采用光面爆破时，Q_2 取值为 0.88～0.91 kg/m，根据公式(6-10)计算出光面爆破光爆层厚度，同时参考利用炮眼密集系数计算结果，推荐蒙库铁矿光面爆破最小抵抗线为 2.3～2.5 m。

6.5.6 爆破参数选择

根据本次系列现场爆破漏斗试验结果，可得出中深孔生产爆破的主要参数。

依据 7$^\#$ 矿矿体爆破漏斗试验可得孔网参数为:炮孔排距 W 为 2.85～3.21 m,孔距 A 为 2.8～3.31 m,采场类似矿体爆破可参考此参数;依据 1$^\#$ 矿岩体爆破漏斗试验可得孔网参数为:炮孔排距 W 为 2.83～3.07 m;孔距 A 为 3.78～4.26 m,采场类似岩体爆破可参考此参数;当采用光面爆破时,岩体中靠帮光面爆破参数为:穿孔直径 115 mm,孔距 1.9～2.1 m,最小抵抗线 2.3～2.5 m。

依据上述光面爆破参数,在南帮 1080 水平实施光面爆破试验,效果良好。

按照上述中深孔孔网参数,岩石爆破后,大块直径很少超过 800 mm,95% 以上的不用破碎处理,矿石爆破后,能满足选矿新系列(≤800 mm)的达 97% 左右,2%～3% 超过 800 mm,大块率控制较好;爆破区域炮孔内无水的情况下,基本不会存在根底问题,只在炮孔内裂隙水较多时,才会存在根底现象,而蒙库铁矿地下水不发育,因此根底问题亦控制较好。可见,在地质地层条件没有变化的情况下,生产爆破实际应用中此参数是合理的;当地质地层条件发生变化时,应当加强对爆破效果的观察与分析,并随矿岩体的具体变化来调整爆破参数。

6.6　本章小结

(1)在分析蒙库铁矿边坡稳定性影响因素的基础上,提出了该矿边坡的安全控制措施。影响蒙库铁矿边坡稳定性的因素有岩性、高寒地区冻融作用、结构面发育情况、边坡几何特性、软弱夹层、爆破震动等;针对蒙库铁矿边坡特点,提出安全控制总原则是"以预防性安全控制措施为主,必要的工程加固为辅";预防性安全控制措施主要包括:边坡巡查、监测预警、控制爆破以及冻融效应阻隔等;随着矿山开采的持续进行,可能出现不稳定体时,可采取柔性防护系统、喷锚网加固等措施。

(2)监测网的设计遵循"全面覆盖,突出功能"理念,充分考虑了矿区的实际情况,监测网的布置适合该边坡暂时未发现明显不稳定体的实际情况;采用二级监测可以满足目前工程需要且经济合理。

(3)通过对现场爆破漏斗试验结果的统计分析,分别得到了膨化硝铵炸药在矿体和岩体中的爆破漏斗特性曲线的回归多项式,回归曲线的相关性好。经多项式求解,得到爆破漏斗最佳状态下的基本参数为:7$^\#$ 矿区矿体理论最佳深度0.64 m,体积 0.225 m^3;1$^\#$ 矿区岩体理论最佳深度 0.58 m,体积 0.285 m^3。

(4)根据现场系列爆破漏斗试验结果,推荐了光面爆破和中深孔生产爆破主要参数。现场工业试验证明,相关参数选取合理,可较好地保护边坡稳定性,能达到通过爆破控制来实施"预防性安全控制"的目的。

第 7 章　结论与展望

7.1　结　论

寒区矿山高边坡因具有大温差的气候特征,岩体物理力学性能会受到冻融循环作用的影响,对其稳定性和安全控制措施展开研究并应用于工程实际,对于保证矿山安全生产、提高矿山的经济效益以及实现矿山可持续发展均具有重要意义。本书以蒙库铁矿露天边坡为工程背景,采用现场调查、室内试验、现场试验、理论分析、数值模拟等相结合的方法进行研究工作,取得的主要结论有:

(1)通过现场工程地质调查,掌握了区域构造,矿区岩性分布、地质构造、节理裂隙发育情况以及水文地质条件。无论是否为寒区边坡,此内容均为稳定性研究的基础。

(2)由节理中的泥质、破碎岩屑充填物 X 衍射实验可知,其蒙脱石、伊利石等具膨胀性的矿物含量较高,对矿区北帮边坡局部稳定性造成了不利影响。

(3)在现场工程地质调查、声波测试等工作的基础上,进行了边坡的工程地质分区。蒙库铁矿边坡总体上可划分为 Ⅰ(北帮)、Ⅱ(西帮)、Ⅲ(南帮)、Ⅳ(东帮)共 4 个区,南帮又分为 a、b、c、d 四个亚区。边坡岩体整体情况较好,仅南帮 b、d 两个亚区岩体质量稍差。

(4)研究区变粒岩、角闪变粒岩、层理状变粒岩和黑云角闪斜长片麻岩冻融试验结果表明:

①冻融循环作用对四种岩石质量变化的影响整体较小(小于 5%),但是随着循环次数的增加,质量损失率呈增大的趋势;其中对强度较低的角闪片麻岩的影响程度最大。

②冻融循环作用对四种岩石强度变化的影响要大于质量的影响,随着循环次数的增加,强度损失也逐渐增大;通过计算各个循环试验的冻融系数,其值均大于0.6,满足抗冻性的要求。

③经过多次冻融循环,通过对岩样风化系数的对比发现,冻融循环引起了岩样

进一步的物理风化,但风化程度的影响对不同的岩体程度有所差异。

④对于含水量及孔隙率较低、强度相对较高的岩体,冻融损伤主要表现为裂纹模式,其冻融损伤是裂纹不断扩展的结果;对于孔隙率和含水率较高、密度和强度较低的次坚硬岩石,冻融循环次数对损伤结构的扩展有明显的影响;由于后期水补给后,含水率增加,冻融影响会进一步增大。岩石材料的初始损伤状态和初始含水率大小与冻融循环与其损伤扩展有着密不可分的关系。

⑤基于室内冻融循环试验得到的岩石冻融系数,结合矿区地质调查及岩石坚硬程度综合确定了边坡岩体冻融修正系数,利用 CSMR-TSMR 法进行了边坡岩体质量评价。

⑥通过构建 TSMR 量化值同地质强度指标 GSI 值之间的线性关系,并以 GSI 值为基础,结合广义 Hoek-Brown 准则确定了寒区岩体力学参数选取方法。根据此方法,结合蒙库铁矿实际工程地质情况,对矿区 4 种典型岩性进行了岩体力学参数选取。其研究成果为寒区露天矿山高边坡稳定性分析及评价提供了基础。

⑦通过三维数值仿真分析,模拟了蒙库铁矿露天开采过程,研究分层开挖中边坡的应力场、位移场的演化过程与演化规律,整体上评价了南帮、北帮、东端等不同区域边坡的稳定性。

⑧根据各种影响因素确定蒙库铁矿露天边坡安全系数限值为 1.20,在基于边坡稳定性分区和三维仿真开挖分析基础上,选取 8 个典型剖面,采用 FLAC^{3D} 数值计算软件自动搜索边坡整体滑动的安全系数和滑动面位置,获得了不同区域边坡的整体强度安全系数,结果表明,在目前的开采设计参数下,蒙库铁矿边坡还有一定的安全裕度。

⑨依据边坡整体安全系数不低于设计安全系数这一基本原则,通过边坡最终边坡角的对比分析计算,认为蒙库铁矿露天边坡各帮最终边坡角均可不同程度提高。综合数值计算结果和多种客观因素,提出蒙库铁矿露天边坡边坡角优化建议值。

⑩在分析蒙库铁矿边坡稳定性影响因素的基础上,提出了该矿边坡的安全控制措施。影响蒙库铁矿边坡稳定性的因素有岩性、高寒地区冻融作用、结构面发育情况、边坡几何特性、软弱夹层、爆破震动等;针对蒙库铁矿边坡特点,提出安全控制原则是"以预防性安全控制措施为主,必要的工程加固为辅";预防性安全控制措施主要包括:边坡巡查、监测预警、控制爆破以及冻融效应阻隔等;随着矿山开采的持续进行,可能出现不稳定体时,可采取柔性防护系统、喷锚网加固等措施。

⑪在"预防性安全控制"中监测预警部分,监测网的设计遵循"全面覆盖,突出功能"理念,监测网的布置适合于该边坡暂时未发现明显不稳定体的实际情况;采

用二级监测可以满足目前工程需要且经济合理。

⑫在"预防性安全控制"中控制爆破部分,由爆破漏斗试验结果分别得出了膨化硝铵炸药在矿体和岩体中爆破漏斗特性曲线的回归多项式,经多项式求解,得到爆破漏斗最佳状态下的基本参数:7#矿区矿体理论最佳深度 0.64 m,体积 0.225 m³;1#矿区岩体理论最佳深度 0.58 m,体积 0.285 m³;依据爆破漏斗试验结果,推荐了光面爆破、中深孔生产爆破的主要参数。现场工业试验证明,相关参数符合现场实际条件。

7.2 展望

寒区特有冻融循环作用对边坡岩体的影响是极其复杂、多元化的过程,加之边坡岩体本身是具有非线性、各向异性等特点的复杂介质,由于时间和经费的制约,本书还存在许多不足和值得商榷之处,仍有大量研究工作亟须进行,主要内容有:

(1)已有学者归纳出目前关于冻岩问题的研究工作主要集中在冻岩物理力学性质、相变过程、低温多场(THM)耦合、冻融损伤模型及数值分析等四大方面,这几个方面是寒区岩质高边坡稳定性研究的基础,相关工作仍须全面深入开展。

(2)主控结构面是岩体稳定性的重要决定因素,也是地下水的良好通道,更易受到冻融循环作用影响,因此,主控结构面在冻融循环作用下强度渐进劣化机理是冻岩研究的关键问题,但这方面理论成果偏少,尤其缺乏结合现场工程实际的研究成果。

(3)目前有关冻融循环对裂隙岩体力学性能影响研究中,少见结构面峰值强度冻融劣化规律、结构面冻融强度判据方面的成果,但这是寒区岩体稳定性分析的关键问题之一。

(4)在冻融循环作用下岩体力学参数选取方面,本书提供了一种以岩块力学性能冻融劣化为基础的计算方法,但从准确性和普适性而言,仍有很大改善空间,今后应以裂隙岩体为研究对象,以模型试验、现场原位试验、理论分析计算与数值模拟相结合的手段展开深入系统的研究工作。

(5)冻融循环作用下边坡岩体的细、微观损伤研究方面,应结合电镜扫描、CT等手段进行细、微观机理研究,并建立细、微观损伤和宏观物理力学参数劣化间的联系。

参考文献

陈天城,魏炳乾.2003.冻结融解作用对岩石边坡稳定的影响[J].西北水力发电,**19**(3):5-9.

陈天城.2000.关于冻结融解作用引起的溶结凝灰岩裂缝发展过程的研究[J].资源与素材,**116** (1):7-12.

陈天城.2003.寒冷地区软岩边坡方案设计[J].水利科技,**3**:31-33.

陈卫忠,谭贤君,于洪丹,等.2011.低温及冻融环境下岩体热、水、力特性研究进展与思考[J].岩 石力学与工程学报,**30**(7):1318-1336.

陈玉超.2006.冻融环境下岩土边坡稳定性研究初探[D].西安科技大学.

邓红卫,田维刚,周科平,等.2013.2001-2012年岩石冻融力学研究进展[J].科技导报,**31**(24): 74-79.

葛华,吉锋,石豫川,等.2006.岩体质量分级方法——CSMR法的修正及其应用[J].地质灾害与 环境保护,**17**(1):91-94.

黄成林,罗学东,张建钢,等.2008.蒙库铁矿边坡岩体质量分级研究[J].黄金,**29**(3):29-31.

黄成林.2007.蒙库铁矿边坡岩体地质特征及其稳定性研究[J].新疆钢铁,**3**:4-7.

黄勇.2012.高寒山区岩体冻融力学行为及崩塌机制研究[D].成都理工大学.

江权,冯夏庭,向天兵.2009.基于强度折减原理的地下洞室群整体安全系数计算方法探讨[J]. 岩土力学,**30**(8):2483-2488.

康永水.2012.裂隙岩体冻融损伤力学特性及多场耦合过程研究[J].岩土力学与工程学报,**31** (9):1944.

赖远明,吴紫汪,朱元林,等.1999.寒区隧道温度场、渗流场和应力场耦合问题的非线性分析 [J].岩石力学与工程学报,**21**(5):529-533.

赖远明,吴紫汪,朱元林,等.2000.寒区隧道地震响应的弹黏塑性分析[J].铁道工程学报,**22** (6):84-89.

赖远明,张明义,李双洋.2009.寒区工程理论与应用[M].北京:科学出版社.

郎林智,贾海梁,郭义.2012.砂岩冻融破坏机理及冻融力学性质研究初探[J].水电能源科学,**30** (11):118-121.

李富平,刘庆民,康志强.2008.马兰庄铁矿开采最终边坡角稳定性分析[J].矿业快报,**4**:21-23.

李慧军.2009.冻结条件下岩石力学特性的实验研究[D].西安科技大学.

李宁,张平,陈国栋.2001.冻结裂隙砂岩低周循环动力特性试验研究[J].自然科学进展,**11** (11):1175-1180.

李新平,路亚妮,王仰君.2013.冻融荷载耦合作用下单裂隙岩体损伤模型研究[J].岩石力学与 工程学报,**32**(11):2307-2315.

连镇营,韩国城,孔宪京.2001.强度折减有限元法研究开挖边坡的稳定性[J].岩土工程学报,**23**

（4）：406-411.

刘成禹，何满潮，王树仁，等.2005.花岗岩低温冻融损伤特性的实验研究[J].湖南科技大学学报（自然科学版），**20**（1）：37-40.

刘泉声，康永水，黄兴，等.2012.裂隙岩体冻融损伤关键问题及研究状况[J].岩土力学，**33**（4）：971-978.

路亚妮，李新平，吴兴宏.2014.三轴压缩条件下冻融单裂隙岩样裂缝贯通机制[J].岩土力学，**35**（6）：1579-1584.

路亚妮，李新平，肖家双.2014.单裂隙岩体冻融力学特性试验分析[J].地下空间与工程学报，**10**（3）：593-598.

路亚妮.2013.裂隙岩体冻融损伤力学特性试验及破坏机制研究[D].武汉理工大学.

罗学东，黄成林，彤增湘，等.2011.冻融循环作用下蒙库铁矿边坡岩体物理力学特性研究[J].岩土力学，**32**（S1）：155-159.

马富廷.2005.冻土区露天矿边坡稳定性分析[J].露天采矿技术，**4**：9-10.

马静崟，杨更社.2004.软岩冻融损伤的水—热—力耦合研究初探[J].岩石力学与工程学报，**23**（增1）：4373-4377.

母剑桥.2013.循环冻融条件下岩体损伤劣化特性及其致灾效应研究[D].成都理工大学.

彭文斌.2008.FLAC 3D 实用教程[M].北京：机械工业出版社.

齐吉琳，程国栋，等.2005.冻融作用对土工程性质影响的研究现状[J].地球科学进展，**8**：887-894.

乔国文，王运生，储飞，等.2015.冻融风化边坡岩体破坏机理研究[J].工程地质学报，**23**（3）：469-476.

苏伟.2012.冻融循环对岩石物理力学性质及边坡稳定性影响的研究[D].长沙矿山研究院.

苏永华，封立志，李志勇，等.2009.Hoek-Brown 准则中确定地质强度指标因素的量化[J].岩石力学与工程学报，**28**（4）：679-686.

孙东亚，陈祖煜，杜伯辉，等.1997.边坡稳定评价方法 RMR-SMR 体系及其修正[J].岩石力学与工程学报，**16**（4）：297-304.

孙玉科，古迅.1980.赤平极射投影在岩体工程地质力学中的应用[M].北京：科学出版社.

孙玉科，姚宝魁，许兵.1998.矿山边坡稳定性研究的回顾与展望[J].工程地质学报，**6**（4）：305-311，361.

谭贤君，陈卫忠，贾善坡，等.2008.含相变低温岩体水热耦合模型研究[J].岩石力学与工程学报，**27**（7）：1455-1462.

王兰生，张倬元.1987.水文工程地质论丛：斜坡岩体变形破坏的基本地质力学模式[M].北京：地质出版社.

王俐，杨春和.2006.不同初始饱水状态红砂岩冻融损伤差异性研究[J].岩土力学，**27**（10）：1772-1776.

王效宾，杨平，王海波，等.2009.冻融作用对黏土力学性能影响的试验研究[J].岩土工程学报，

11:1768-1772.

吴刚,何国梁,张磊,等.2006.大理岩循环冻融试验研究[J].岩石力学与工程学报,**25**(增1):
2930-2938.

项伟,刘珣.2010.冻融循环条件下岩石—喷射混凝土组合试样的力学特性试验研究[J].岩石力
学与工程学报,**29**(12):2510-2521.

新疆地矿局第四地质大队.2005.新疆富蕴县蒙库铁矿床西段露天采区勘探地质报告[R].

邢闯锋,刘红岩,马敏,等.2013.循环冻融下节理岩体损伤破坏的试验研究[J].工程勘察,(8):
1-5.

邢闯锋.2014.冻融节理岩体损伤断裂特性及有限元分析研究[D].中国地质大学(北京).

徐光苗,刘泉声,彭万巍,等.2006.低温作用下岩石基本力学性质试验研究[J].岩石力学与工程
学报,**25**(12):2502-2508.

徐光苗,刘泉声,张秀丽.2004.冻结温度下岩体 THM 完全耦合的理论初步分析[J].岩石力学
与工程学报,**23**(21):3709-3713.

徐光苗,刘泉声.2005.岩石冻融破坏机制分析及冻融力学试验研究[J].岩石力学与工程学报,
24(17):3076-3082.

徐光苗.2006.寒区岩体低温—冻融损伤力学特性及多场耦合研究[D].中国科学院武汉岩土力
学研究所.

许玉娟,周科平,李杰林,等.2012.冻融岩石核磁共振检测及冻融损伤机制分析[J].岩土力学,
33(10):3001-3005.

杨更社,蒲毅彬,马巍.2002.寒区冻融环境条件下岩石损伤扩展研究探讨[J].实验力学,**6**:
220-226.

杨更社,张全胜,任建喜,等.2004.冻结速度对铜川砂岩损伤 CT 数变化规律研究[J].岩石力学
与工程学报,**23**(24):4099-4104.

杨更社,张长庆.1999.冻融循环条件下岩石损伤扩展研究初探[J].西安矿业学院学报,**6**:
97-100.

杨更社.2009.冻结岩石力学的研究现状与展望分析[J].力学与实践,**31**(6):9-16.

张慧梅,杨更社.2010.冻融与荷载耦合作用下岩石损伤模型的研究[J].岩石力学与工程学报,
29(3):471-476.

张慧梅,杨更社.2011.冻融荷载耦合作用下岩石损伤力学特性[J].工程力学,**28**(5):161-165.

张慧梅,杨更社.2012.岩石冻融循环及抗拉特性试验研究[J].西安科技大学学报(自然科学
版),**32**(6):691-695.

张慧梅,杨更社.2013.冻融岩石损伤劣化及力学特性试验研究[J].力学与实践,**35**(3):57-61.

张慧梅,杨更社.2013.岩石冻融破坏机制分析及冻融力学试验研究[J].煤炭学报,**38**(10):
1756-1762.

张继周,缪林昌,杨振峰.2008.冻融条件下岩石损伤劣化机制和力学特性研究[J].岩石力学与
工程学报,**27**(8):1688-1694.

张全胜. 2003. 冻融条件下岩石细观损伤力学特性研究初探[D]. 西安科技大学.

张淑娟,赖远明,苏新民,等. 2004. 风火山隧道冻融循环条件下岩石损伤扩展室内模拟研究[J]. 岩石力学与工程学报,**23**(24):4105-4111.

张学富. 2004. 寒区隧道多场耦合问题的计算模型研究及其有限元分析(博士学位论文)[D]. 中国科学院兰州冰川冻土研究所.

张元才,黄润秋,赵立东,等. 2010. 天山公路边坡岩体质量评价 TSMR 体系研究[J]. 岩石力学与工程学报,**29**(3):617-623.

张倬元,王士天,王兰生,等. 2009. 工程地质分析原理[M]. 北京:地质出版社.

赵鹏,唐红梅. 2008. 危岩主控结构面的冻胀力计算公式研究[J]. 重庆交通大学学报(自然科学版),**27**(3):420-423.

赵尚毅,郑颖人,时卫民,等. 2002. 用有限元强度折减法求边坡稳定安全系数[J]. 岩土工程学报,**24**(3):343-346.

周科平,李杰林,许玉娟,等. 2012. 冻融循环条件下岩石核磁共振特性的试验研究[J]. 岩石力学与工程学报,**31**(4):731-727.

周科平,张亚民,李杰林. 2013. 冻融花岗岩细观损伤演化的核磁共振[J]. 中南大学学报(自然科学版),**44**(8):3384-3389.

A Rodrigues-Rey,VGRD Argandona,L Calleja,et al. 2004. X-ray tomography characterization of microfisuration on rocks generated by freeze-thaw cycles[C]. X-Ray CT for Geomaterials Soils,Concrete,Rocks:293-298.

Bost M,Dubied JSG. 2007. Natural and artificial micro-cracking in limestone:a model of response to freezing-thawing[C]. Preservation of Natural Stone and Rock Weathering:17-23.

C Park,JH Synn,HS Shin,et al. 2004. Experimental study on the thermal characteristics of rock at low temperatures[J]. International Journal of Rock Mechanics & Mining Science,**41**(3):81-86.

Chen T C,Yeung M R,Mori N. 2004. Effect of water saturation on deterioration of welded tuff due to freeze-thaw action[J]. Cold Regions Science and Technology,**38**(2):127-136.

G. E. Exadaktylos. 2006. Freezing-Thawing Model for Soils and Rocks[J]. Journal of Materials in civil Engineering,**18**(2):241-249.

H. Yavuz,R. Altindag,S. Sarac,I. Ugur,N. Sengun. 2006. Estimating the index properties of deteriorated carbonate rocks due to freeze-thaw and thermal shock weathering[J]. International Journal of Rock Mechanics & Mining Sciences,**43**:767-775.

Hall K. 2007. Evidence for freeze-thaw events and their implications for rock weathering in northern Canada:II. The temperature at which water freezes in rock[J]. Earth Surface Processes and Landforms,**32**(2):249-259.

Hoek E,Brown E T. 1980. Empirical strength criterion for rock masses[J]. Journal of Geotechnical Engineering Division,ASCE,**106**(GT9):1013-1035.

Hoek E,Brown E T. 1997. Practical estimates of rock mass strength[J]. International Journal of Rock Mechanics and Mining Sciences,34(8):1165-1186.

Hoek E,Carranza-Torres C,Corkum B. 2002. Hoek-Brown failure criterion(2002 edition)[J]. In: Proceedings of the NARMS-TAC conference,Toronto,(1):267-273.

Inigo A C,Garcia-Talegon J,Vicente-Tavera S. 2013. Colour and ultrasound propagation speed changes by different ageing of freezing/thawing and cooling/heating in granitic materials[J]. Cold Regions Science and Technology,85:71-78.

Ito Y,Agui K,Kusakabe Y,Sakamoto T. 2007. Rock failures in volcanic rock area in Hokkaido [C]. Volcanic Rocks:155-159.

Jiang Nan,Luo Xuedong,Mei Nianfeng,et al. 2013. Stability of Mining Slope Considering Freeze-thaw Cyclic Effect[J]. Electronic Journal of Geotechnical Engineering,18:3561-3572.

Joerg Ruedrich,Siegesmund S. 2007. Salt and ice crystallisation in porous sandstones[J]. Environmental geology,52(2):225-249.

K. M. Neaupane,T. Yamabe. 2001. A fully coupled thermo-hydro-mechanical nonlinear model for a frozen medium[J]. Computers and Geotechnics,28:613-637.

Kodama J,Goto T,Fujii Y,et al. 2013. The effects of water content,temperature and loading rate on strength and failure process of frozen rocks[J]. International Journal of Rock Mechanics and Mining Sciences,62:1-13.

Li J L,Zhou K P,and Zhang Y M. 2012. Experimental study of rock porous structure damage characteristics under condition of freezing-thawing cycles based on nuclear magnetic resonance technique[J]. Chinese Journal of Rock Mechanics and Engineering. 31(6):1208-1214.

Liu H,Yang G S. 2008. The effect of meso-structure on temperature distribution in shale subject to freeze-thaw conditions [C]. Boundaries of Rock Mechanics:Recent Advances and Challenges For the 21st Century:109-113.

Luo Xuedong,Jiang Nan,Zuo Changqun,et al. 2014. Damage characteristics of altered and unaltered diabases subjected to extremely cold freeze-thaw cycles[J]. Rock Mechanics and Rock Engineering,47:1997-2004.

M. Mutlutürk,Altindag R,Türk G. 2004. A decay function model for the integrity loss of rock when subjected to recurrent cycles of freezing-thawing and heating-cooling[J]. International Journal of Rock Mechanics and Mining Sciences,41(2):237-244.

Mokhfi Takarli,William Prince,Rafat Siddique. 2008. Damage in granite under heating/cooling cycles and water freeze-thaw condition[J]. International Journal of Rock Mechanics and Mining Sciences,45(7):1164-1175.

Murton J B,Coutard J P,Lautridou J P,et al. 2000. Experimental design for a pilot study on bedrock weathering near the permafrost table[J]. Earth Surface Processes and Landforms,25 (12):1281-1294.

Nicholson H,Dawn T,Nicholson E. 2000. Physical deterioration of sedimentary rocks subjected to experimental freeze-thaw weathering[J]. Earth Surface Processes and Landforms,**25**: 1295-1307.

Tan X,Chen W,Yang J,et al. 2011. Laboratory investigations on the mechanical properties degradation of granite under freeze-thaw cycles[J]. Cold Regions Science and Technology,**68** (3):130-138.

Warke P A,Mckinley J,Smith BJ. 2006. Variable weathering response in sandstone:factors controlling decay sequences[J]. Earth Surface Processes and Landforms,**31**(6):715-735.

Yamabe T,Neaupane K M. 2001. Determination of some thereto-mechanical properties of Sirahama sandstone under subzero temperature conditions[J]. International Journal of Rock Mechanics & Mining Sciences,**38**(7):1029-1034.